新中国環境政策講義
——現地の感覚で見た政策原理——

大和田滝惠

駿河台出版社

まえがき

　中国の環境問題は日中双方にとって利害が共通する問題である。地理的な位置関係から、また民間の交流が厚みを増しているなか、今後いっそう重要な課題となることは間違いない。環境問題は日本の経験を生かし協力し合える分野でもある。
　これまでは、日本の技術や知識を適用すれば問題解決に大いに役割を果たせるものだと、支援を提供する側としての一方的な考え方から支援プログラムを組んできた傾向があった。それらは一方で重要ではあるが、他方では中国国内の研究者が自国の環境問題をどう考えているのかについて理解を深めることも大変に重要である。
　中国の学者は政策当局との距離が近いため、中国政府が環境政策についてどう考え、どのように進めようとしているのかは、学者たちの考え方を勉強すればよくわかる。また、政策を推進する大本となる環境に関する法律も中国では整備されてきたので、できるだけ具体的に読んでみる必要がある。
　そこで、本書では、中国で影響力がある学者たちの考え方を集め、また中国の主だった環境に関する法律を取り出し、それらの本来のニュアンスが伝わるように中国語の原文で載せ、それぞれ直後に厳密な逐語邦訳を添えた。中国語の未習者も、新しい講義に抱いた学生時代の好奇心のごとく気軽にチャレンジしていただきたい。日本語だけで書かれた日本人学者の考え方の従来書よりも、ありのままの中国に対する理解が少しでも進むはずである。
　日中関係が緊張する中でも、中国は日本企業にとって大きな市場であり、今なお生産拠点のひとつである。合弁パートナーを通して環境技術を移転する場合もある。進出企業にとって今や中国の環境政策・環境法はビジネスのインフラとして欠かせない。企業と共に中国へ進出する個人の国際競争力・現地対応力を身に付けた人材が多く育ってほしい。企業は進出のリスクを避けるため、このような現地に強い人材の需要が高

い。
　投資は安値の折に拾い集めるものだといわれる。日中不調和の時代が長引き、中国は日本人に人気がない。しかし、常ならずが世の常であり、日中関係が発展する日は遠からずやってくる。中国投資は正に今が好機である。

大和田滝惠
2017年3月　東京にて

目　次

まえがき …………………………………………………………………… 3
第一講　中国環境問題の最新動向…………………………………………… 7
　政策原理コラム　自動車大気汚染の被害は交通事故と同じか …………… 10
第二講　体制移行をめぐる残渣(ざんさ)………………………………………… 11
第三講　発展段階による曲折……………………………………………… 19
　政策原理コラム　社会の成り立ちの中の市場と政府の役割 …………… 28
第四講　公共政策・社会政策の中の環境政策…………………………… 29
第五講　環境政策の公準問題と法政策…………………………………… 39
第六講　市場および政府の役割と法政策………………………………… 61
　政策原理コラム　ＣＳＲは企業の成り立ちから考えよ …………………… 86
第七講　有害化学物質の管理・移動規制と法政策……………………… 87
　政策原理コラム　アスベストの問題は学界にも責任がある ……………… 139
第八講　リスク・ベネフィットの問題と法政策…………………………… 141
第九講　科学技術の選択問題と法政策…………………………………… 155
　政策原理コラム　必要最低限の文明は拡大していける ………………… 166
第十講　自然保護・自然資源の問題と法政策…………………………… 167
第十一講　民衆参加の社会的な規制と法政策…………………………… 185
第十二講　文明内容の吟味からみた中国の行方………………………… 207
中国環境政策の参考文献 ……………………………………………… 210
あとがき …………………………………………………………………… 212

第一講　中国環境問題の最新動向

　中国の環境汚染は、大気、水域、土壌、沿海など各領域にわたって全国規模で深刻化の度合が一段と進んでおり、国民の健康を著しく脅かす重大な段階に至っている。

　近年、都市部の市街地が昼間でも夜のように暗く、濃霧に覆われた映像がよく報道されるようになった。原因とされるPM2.5（微小粒子状物質）の大気汚染濃度は、世界保健機関（WHO）の基準の20倍以上、最悪50倍程度に達することもある。有害物質も含んだこうした激甚汚染空間の中で生存せざるを得ない国民の間には、健康への懸念と、事態が一向に改善されないことへの苛立ちが高まっている。

　政府は工場の操業停止や車の通行規制などの措置はとっているが、最近では政府寄りのメディアまでもが、大気汚染の根本に迫る産業構造の調整など有効な手段に踏み切れない政府に対して批判の論陣を張るほど、事態は深刻さを増している。

　中国では、本格的に環境問題に取り組み出したのは今世紀に入ってからであり、政府は2006年に始まる第11次5カ年計画の策定にあたって、環境政策の進展と資源・エネルギーの節約強化を国家建設の主要な柱の一つに掲げた。有害物質の削減にもつながる廃棄物の再生利用を進め、資源・エネルギーの利用効率を高める方向へ産業構造を調整し、これまでの経済規模の追求から質的な向上へと、経済成長の中身の重点を切り

替える方針を打ち出した。2011年からの第12次5カ年計画でも同様に、環境政策を重視する姿勢と、産業構造の調整をポイントに据えることを打ち出していた。

　しかし、大きな汚染事故が起きた時には、政府は工場の操業停止や、せいぜい工場責任者を更迭したり、閉鎖処分を強行したりはしているが、産業構造の転換を断行することはなかった。結果として今なお、国が遵守を求める排出基準をなおざりにする企業や工場責任者が後を絶たない。

　中国全国の国土を見渡せば、大気汚染の他にも水域や土壌など、危機的な状況にある地域も少なくない。河川の95％が汚染されており、その半数以上では汚染が深刻な状態となっている。河川の環境汚染は沿海の海洋汚染も引き起こしており、長江や黄河が流れ込む東部沿岸の海域では魚介類から高濃度の鉛やヒ素、カドミウムなどの有害物質が検出されている。また、国民の70％が飲料水にしている地下水の汚染も進んでおり、工場からの排水などで90％以上の都市地下水が汚染されている。

　さらに、国土の半分近くが砂漠化しているか、極度に乾燥した荒廃地によって占められている。近年、植樹造林の強化で砂漠や乾燥地はやや減少傾向にあるが、砂漠化の危機に瀕した土地はなおも多く、依然として深刻な状態にある。特に内陸部では急速な砂漠化によって、例えば中国西部の青海省の青海湖など、湖岸線が後退して湖全体が大幅に縮む現象が観察されている。現在すでに都市の90％が水不足に見舞われてい

るところに、そうした事態が今後の慢性的な水不足の懸念に拍車をかけている。

　政府は11次と12次の２度にわたる５カ年計画で厳格な目標を掲げたものの、達成された成果は甚だ不十分であった。高度経済成長のための急ピッチな工業化の推進が及ぼす負の側面、その影響の深刻さに対する予測が不足していたのと、予防措置が不利益をもたらすといった認識があったことを政府は認めている。

　2016年からの第13次５カ年計画を前にして李克強首相は、「環境汚染に宣戦布告し、全力で取り組む」と言明した。しかし、共産党政権の命運がかかっている貧困・格差縮小の達成は今なお目途が立たず、そのため更なる経済成長を追求しながら、果たして環境汚染の深刻化を食い止めることはできるのだろうか。

　今後、中国の環境問題はどのような帰趨を辿るのか、混沌として予断を許さない。しかし、中国の環境問題は地球環境に大きなウエイトを持つだけに、早急に解決策を見出していかなければならない。本書では、中国の環境問題を改善していくのに、政府と市場と社会全体がどう関わっていくのがいいのか、方向性を模索したい。とりわけ、中国の環境政策は全般的な社会発展の中にどう位置づけられ、どんな問題点があり、どのように改善されなければならないのか、法社会学アプローチによって政策原理を探究していく視点から考えていきたい。

― 政策原理コラム ―

自動車大気汚染の被害は交通事故と同じか

　自動車は人の移動や物流を担い、人々の社会生活を成り立たせている公共性の高い存在であることは、すぐにわかる。今日の段階では未だ社会全体で耐え得るコストの低減が達成できないことから低公害車は普及するには至っておらず、従来のガソリン車が多く走行している状態である。こうした中では、現状の文明生活を維持することを前提に、高い公共性を考え合わせると、幹線道路で自動車大気汚染が発生し犠牲者が出るのもやむを得ない事だと思われているふしがある。交通大気汚染の犠牲者は自動車交通事故の犠牲者より少数であり、大気汚染の犠牲者が出るのはやむを得ないのは、交通事故が起きるからといって自動車を廃止しようという話にならないのと同じ事だと言ってはばからない学者や行政官も少なくない。この言い分はどうだろうか。

　大気汚染の被害は交通事故とは違うのではないだろうか。交通事故は、刃物で手を切らないように、火で火傷しないように注意することができるのと同様に、事故に遭わないように自分で注意の仕様がある。それに対して交通大気汚染の場合は、環境基準を超える沿道の住民に降りかかる被害は自己選択による結果ではないことが多い。

　自己選択かどうかは、よく沿道住民が引っ越せば済む話ではないか、と言う人がいる。しかし、この意見が必ずしも正しくないのは、被害がなければ引っ越す必要はないし、被害に気付いた時には手遅れの場合もあり、引っ越す効用は薄れる。したがって、引っ越しが有用なのは事前の引っ越ししかなく、これは被害を未然に防ぐ予防策にあたる。金銭保障をするにしても、事後の非可逆的損失に対する賠償よりも税金を有効に使ったことになる。

　予防策は、沿道の汚染水準が環境基準内に納まるように、バイパスを設けたりロードプライシングを実施したり、他にも打つべき手はある。有害化学物質の環境問題は政府に責任があり、国民に被害が出ないように政府が選択すべき問題である。個人の自己選択・自己責任の問題ではない。個々人では無力な事に対処するのが社会を形成し、政府を創った意味ではないだろうか。

第二講　体制移行をめぐる残渣(ざんさ)

一、環境問題からみたマルクス（Karl Marx）主義批判の焦点

マルクスの価値概念

　価値とは人間と事物との関係を表している。特に人々が自分たちの必要を満たす外界の事物との関係の中で生じるものであり、人間にとっての事物の有用性等の属性を表していると、マルクスは述べている。つまり、マルクスによると、人間と事物との関係を離れては価値という概念は成り立たない。人々の必要がなければ事物自体には価値の有無は存在しないか、確定できないと考えられている。価値とは単独で客観的に存在する属性ではなく、人間の必要を介した関係概念だとされる。そのため、価値は人々が自分たちの必要に従って必要の対象に働きかけることによって形成されるものだということになる。人間の必要が価値を形成する主要な要素であり、この前提がなければ自然に存在する客観的な事物は無意味な存在にすぎない。しかも、多くの事物は人間の必要に従って手を加えることによって初めて具体的な価値として実現すると結論付けられた。（刘国涛主编：《环境与资源保护法学》，中国法制出版社，2004年版，71—77頁参照）

　「ゴータ綱領批判」の中で、マルクスは「富は自然からも来る」と述べている。しかし、剰余価値の計算では「自然」要因を考えに入れてい

ない。それは、マルクスが労働価値説の立場に立脚したことと関係があると思われる。

　労働価値説は、労働だけが価値を創造するとしているが、限界効用論（限界効用逓減の法則：ある財の消費量の増大と共に、その財１単位当りの効用の増加量が次第に減っていく）からも、環境創価説（環境も価値の源泉である）からも否定されている。

　人間の労働（人為的加工）が加わらなくても、自然環境にはもともと価値がある。例えば、生態循環による生物群の共生、アメニティ（Amenity）などの価値を考えてみれば理解できる。したがって、人間の労働が加わっていない環境も保護するに値するのである。

社会体制に内在する環境対処の相違

　計画経済のもとでの生産活動では、環境コストが生産コストとして内部化されているにもかかわらず、企業の経営が独立採算制でないため経済インセンティブは働かず、資源が節約されないし、汚染に対処する技術革新も進まない。基本的に企業には利潤がなく、生産費用は生産コストと賃金・福利厚生費から構成される。環境コストは生産コストから支払われるとしても、公有制であるため政府の計画で生産コストも賃金・福利厚生費も、また製品価格も公定価格として決められ、さらに昇給についても元来は企業の采配ではないことから、それぞれの企業内部で節約動機や利益意欲が湧く余地はなかった。過去の中国で大いに期待された倫理・義務感や精神刺激・意識高揚だけでは、資源節約や技術革新を

進める恒久的なプロモーターとすることは困難であった。

　マルクス主義が提唱する唯物史観では、社会制度（生産関係）はテクノロジーの発達（生産力）によって突破・変革されることになっている。従来の中国の国営企業を観察していて気付いたのは、自由放任の資源配分でないためマルクス主義自らの「技術社会発展原動力論」と矛盾を来たし、いわゆる自由の王国は原理的に達成できないのではないかということである。なぜなら、人為的な計画手法は自由主義経済に比べて富裕の蓄積・人権の物質的基礎を築きにくく、社会制度を突破・変革するほどのテクノロジーの発達は見込めないからである。

（マルクス主義と環境問題との関連全般については、マルクス・エンゲルス 著、マルクス＝エンゲルス全集刊行委員会訳、『新訳 ゴータ綱領批判・エルフルト綱領批判』、大月書店国民文庫、1977年版参照。中国人研究者の労働価値説解釈は、朱富強著：《博弈、协调与社会发展：协调经济学导论》，广东人民出版社，2005年版，第一章参照）

二、中国環境財政の問題点

１．環境財政システムの欠陥

　社会主義体制下では私的経済領域は存在しないのが原則である。中国でも国有企業に象徴されるように、予算原理による資源配分や生産活動が一般的であった。1979年の経済改革以降、私的経済領域の長所を活用することが目指されたことから、独立採算で経営されるようになった

国有企業でも設備投資などが予算原理から市場原理へと移行するはずであった。

ところが、国の主管省庁という所有者が存在する国有企業では民営化していないため、環境対策投資も含む設備投資は所有者が基本建設費あるいは更新改造費として計上する政策が長らく維持された。基本建設費や更新改造費は共同負担原則に基づく一般財源の租税収入から国家環境保護財政が支出する費用であり、独立採算としたからには企業の私的な環境対策に租税の一般財源資金を充てることは経済改革の趣旨に反する。設備投資資金が企業努力によって捻出されないのであれば、内発的なインセンティブが働く形での環境対策は進まない。先進工業国では、工場内の汚染物質の処理や防止など企業の私的な環境対策には汚染者負担の原則が適用され、租税資金が直接に使われることはない。

逆に、中国では公的な環境保護事業に租税の一般財源資金ではなく、特定財源資金を充ててきた。都市の公共施設、公園緑化、河川浄化および浄水場などの社会資本投資は都市環境の整備と関係していることから、その地方の租税収入から賄われることが当然視された。しかし、この支出のために計上される都市維持建設費の財源は、建設管理や水源など地方の目的税、汚水処理費やゴミ処理費の徴収金および公益事業収入であり、共同社会のニーズを満たすには程遠い金額である。

中央政府は電力、通信、運輸など国家戦略と関係の深い領域には一般財源資金を配分しているが、地方の都市基盤や環境衛生など戦略性の低い領域には、同じ社会資本投資でも共同負担原則は重視してこなかった。

地方政府の特定財源租税収入が多ければ中央政府財政の比重が低くても問題はないが、地域間格差もあり、伸び率に限界のある租税収入に依存していたのでは、都市環境の整備がいつまで経っても経済成長に追い付かない。

それは環境問題の改善にとってマイナスであり、地域性を強く帯びる環境問題の視点からすると、中央政府の地方への財源配分軽視は環境保護財政の構造上に問題があることを示している。独立採算企業の私的な環境対策に共同負担原則の租税資金を充てることによって手薄になってきた公的な環境保護事業を急速に立て直す必要があり、そのために近年の高度経済成長で税収増続きの企業所得税や一般売上税など一般財源資金を更に投入して環境保護の費用負担と配分の不備を改め、体制移行の残渣を取り除いていくべきである。

（計画経済と体制改革のもとでの財政問題については、胡書東著：《経済発展中的中央与地方关系—中国财政制度变迁研究（当代经济学文库）》，上海人民出版社，2001年版，主に第四、五、八章参照。他に、李扬、王国刚、刘煜辉主編：《中国城市金融生态环境评价》，人民出版社，2005年版参照）

２．財政政策手法の失敗

市場メカニズムの活用を環境問題解決の重点に据えるという視点は失敗しやすい。中国のように中小汚染源が多く、監視や規制が徹底しにくいところでは市場メカニズムの活用が直接規制よりも有効だと誤解する向きがある。

年代が下るにつれ、中国政府当局は企業の環境対策にさまざまな優遇措置を工夫するようになった。汚染処理による再生利用の利益には課税されず、環境対策の投資借入金の返済金は生産経費として企業所得税からの控除対象とされ、減価償却も認められる。そもそも環境対策投資の貸出金は無利子か低利融資かの優遇措置がとられている。

　しかし、こうした優遇措置の中に欠陥がみられる。一般に設備投資の種類によって税率は区別されているわけだが、社会的に促進すべき投資と目される環境対策投資は低税率が設定されることが多い。問題は、環境対策投資にゼロ税率が適用され無税になったとしても、環境保護投資は収益を生まないため、いくらか税金を納めても利潤を生む別の投資対象があれば企業は環境対策投資を行うとは限らない。

　市場メカニズムの中では利潤を生む行為が選択されやすいので、環境保護投資が利潤をあまり生みそうもない投資であり続けていた段階では、他の財政政策の手法が試されるべきであった。それは税制と異なり、市場メカニズムと関係なく環境対策を実施する意欲さえあれば配分される補助金制度である。利潤を生み出す期待によるインセンティブなしで環境対策投資に対するインセンティブが湧く政策手法であり、もともと社会主義体制にある奨励という手段に似た政策だと言える。中国は市場メカニズムの活用を急ぐあまり、かえって優遇措置が機能せず、体制移行の過渡期によく伴う行き過ぎに陥った一例である。

（計画経済と体制改革のもとでの財政問題については、胡书东著：《经济发展中的中央与地方关系―中国财政制度变迁研究（当代经济学文库）》，上海人民出版社,

2001年版，主に第四、五、八章参照。他に、李扬、王国刚、刘煜辉主编:《中国城市金融生态环境评价》，人民出版社，2005年版参照)

第三講　発展段階による曲折

一、　環境問題に関連する発展段階の制約

中国政治の後進性

　中国ではある事業の普及を図る場合、まず重点・モデル地区を設定して、そこから始めることが多い。しかし往々にして、事業が実現した地区とそれ以外の地区との間の格差が放置され、その状態が長引くという問題がある。

　また、中国の行政執行体制は、中央政府がマクロの方針を打ち出し、地方政府がその方針を具体的に実行する構造になっている。しかし、中央の方針や指示がなかなか末端の農村まで浸透しない。しかも、地方が事業をスタートさせたとしても、間もなく資金不足の壁に突き当たり、それがネックとなって技術設備の不足や人材の不足として具現し、中央の計画は地方レベルで実現が徹底しない。

環境 NPO を歓迎しない地方政府

　今後の望まれる社会体制に向けて、発展段階の制約としてもう一つ見過ごせない問題を挙げると、末端行政と環境 NPO とのソリが合わないことである。実態は、資金や人材やノウハウなど政府の資源不足は明らかであり、行政遂行能力の低さは露呈しているため、政府の行政活動は

民間の活力によって大いに補完される必要がある。問題解決の意欲に富む民間団体が経済成長による都市の富裕層から資金援助を受け、農村に支援活動を繰り広げようとするのを妨げてはならない。

地方政府が環境 NPO を歓迎しない理由は、ずさんな行政執行の詳細な経緯が外部に漏れ、責任の追及や解任の原因となるのを恐れていることが多い。最近は農地収用や汚染事件をめぐる役人と住民のトラブルが全国各地で頻発しており、収賄や横領など汚職がらみの場合には一層そうした傾向が強い。政治的な利害の他に、深刻な環境汚染が明るみになってしまったら、企業の誘致など外部からの投資が来なくなる経済的なダメージを懸念するケースもある。また、民間団体が問題解決で成果を上げたら、先を越された形となる地方政府は面子が立たないことを気にするという社会的体面の問題もある。

限定的な環境経済政策

中国で実施されてきた環境・資源関連の優遇政策は微々たるものと言われる。例えば、国務院は資源総合利用の経済誘導措置として、工業企業が三廃（廃気、廃水、廃物）を再資源化した製品には従量減税あるいは免税とし、企業の総合利用製品の儲けは内部留保金として三廃処理に使うことができ、総合利用設備の減価償却積立金も内部留保金として当該設備の更新に充当できる。また、薄利か国策急需に対応する原料生産の総合利用は、銀行融資を容易にする等の措置をとっているなど、総合利用関連への偏り・不均衡が続いた。（曲格平主編：《环境保护知识读本》紅

旗出版社，1999年版，270頁参照）

対外意識にみる歴史の影響

1987年世界环境与发展委员会出版的《我们共同的未来》一书提出"将环境保护与可持续发展统一起来"的新概念和战略认识。中共中央十四届五中全会也提出"必须把可持续发展作为一个重大战略"，我国现已将环境保护与可持续发展定为国策，与资源相协调，实现良性循环。

以这种新的指导思想为前提，我们除了要密切注意发达国家的有关动态及研究进展，引以为鉴或洋为中用外，不能让发达国家以任何方式将污染危害转嫁给我们。我们应建立自己的研究体系，促进有关控制法令管理体系的建立和健全，以及正确实施，并建立环境保护人人有责的思想和新风尚，吸取和发展各种现代化科技知识，减少污染。（〈化学物质污染与可持续发展〉《科技日报》2001-7-20，第4版）

（1987年に世界環境発展委員会が出版した『我ら共同の未来』という書物は、「環境保護と持続可能な発展を統一する」新たな概念と戦略認識を打ち出した。中国共産党中央委員会第14回五中全会も「必ず持続可能な発展を重大戦略の1つとすること」を打ち出し、わが国はすでに環境保護と持続可能な発展を国策と定め、資源と調和をとり、良性循環を実現する。

この種の新しい指導思想を前提とし、我々は先進国の関連する動向および研究の進展によく注意を払い、戒めとして引用するか、あるいは西洋を中国の役に立てなければならない以外に、先進国にいかなる方式で

も汚染危害を我々に転嫁するようにさせてはならない。我々は自己の研究体系を構築し、関連する制御法令管理体系の構築と健全化を促進し、正確に実施し、併せて環境保護は全人に責任があるとする思想および新たな気風を構築し、各種の現代化科学技術の知識を身に付け発展させ、汚染を減少させるべきである。)

二、環境政策における「内発」と「外向」の曲折

内発的な施策と外来の法規範との相関

　経済改革以降の経過・経緯をたどると、環境保護を推進する内発的な施策は、外来の法規範に裏打ちされて効果を発揮してきた。

　例えば、中ないし大型の建設項目における「三同時」施策(生産設備と同時に環境設備も設計し、施工し、操業する規定)の実施率であるが、汚染排出費徴収暫行弁法の施行(1982年)後、汚染排出費を徴収するようになって格段に上昇、「三同時」施策の実施率と汚染排出費徴収暫行弁法との間には、明らかに相関関係があった。それは、ペナルティー制度が技術設備の遅れなどで奏効しにくい小型建設項目の場合、「三同時」施策の実施率が低率に止まったことからも見て取れる。「三廃の総合利用」施策も同様である。

　こうした罰則による法規制を用いて環境保護の実効性を上げようとする方針は、経済改革での生産責任制を摸倣した中国独自の環境目標責任制などでも貫かれており、その有効性が認められる。もう一つ具体例を

挙げると、「汚染者負担の原則」という外来の制度も、企業自主権の拡大に伴って、各種の環境保護を推進する内発的な施策の奏効に役立ってきた。

　中国政府は「内発」と「外向」の結合という基本姿勢によって環境問題に対処し、一定の成果を収めてきたと言えよう。「外向」とは顔を外に向け、国外との交流を積極的に目指すが、発展戦略の主導権を相手方に掌握されないようにすることで、「外発」とは概念的に異なる。中国の環境問題への対処においては、外来の制度を中国側が主体性をもって中国自身のために活用し、中国独自の創造性の現出に意が用いられてきたことに注目したい。

　国家環境保護局がまとめた『中国環境保護事業』という政府刊行物の中では、「国際交流によって眼界が開け、多くの有益な啓発を得た。国外の経験・教訓を吸収できたことは、回り道を回避し、中国の特色ある環境保護の方向性を創造するのに大いに役立った」(国家環境保护局編：《中国环境保护事业1981—85》, 中国环境科学出版社, 1988年版, 231頁)と述べられている。実際、前記以外に、環境影響評価制度、汚染排出許可証制度、汚染源期限付処理制度および各領域の環境基準や排出基準など、「外向」によって学んだ多くの環境対策の手法が導入され、法制化されている。

　しかし、問題点も正にそこに存在している。つまり、外来の制度は、内発的な施策を促進する側面を備えている一方、うまく使いこなさなければ環境改善の足を引っ張るということもある。

　例えば、水汚染防除法や大気汚染防除法、そして中国環境保護法の中

に汚染源期限付処理制度が組み込まれ、速やかに排出基準を達成できない公害型業種に対して期限付処理の猶予が与えられた結果、その後かえって工業廃水および廃気の基準超過排出量が増える傾向をたどったことなどはその例である。また、環境基準や排出基準などの国家基準は、自然条件の千差万別な広い国土をもつ中国にあっては全国をカバーしきれないため、各地の経済的技術的な水準や汚染状況などの違いに応じて、本来より厳格な地方基準が制定されるべき場合もあろうが、現実には必ずしもそうなってはおらず、外来の制度を使いこなすことのむずかしさを感じさせる。

「外向」は、外来の制度に対する取扱いを一歩誤ると、中国側が主導権をとれずにかえって足をすくわれ、在来因子との齟齬が前面に現われやすく、したがって「外発」に転化しやすい恐れをはらんでいるのである。

この点、中国にもそうした認識はもともとから存在していた。外来の制度を受容することから生じる問題点にどう対処していくかは一つの難問だが、中国ではかねてから、外来の制度にはある程度の弊害が当然付きまとうものとして「洋為中用」（西洋のものを中国のために使いこなすこと）に意が用いられ、「わが国の状況に基づいて・・・批判的にその中の合理的で有用な成分を吸収し、われわれの使えるものとする」（韩德培編：《环境法教程》, 法律出版社, 1991年版, 20頁）という表現が今日なお見受けられる。こうした中国に根強い主張が、対外経済関係法の中に環境条項として現われている例をいくつか挙げてみよう。

今日の国際化された世界の中で対外経済関係を結ぶための法制化は国家を有利に導く道であり、それは中国にとっては有用な外来の制度だが、環境保護の視点から見たその弊害を防止すべく中国政府は少なからぬ布石を打っている。

　例えば、中外合資経営企業法実施条例の中に、環境汚染をもたらすプロジェクトは認可されないとある。技術導入契約管理条例にも導入される技術が環境保護に役立つ必要があるとの規定があり、対外経済開放地区環境管理暫行規定でも汚染の防止を考慮に入れた技術設備の導入が必要であるとされている。

　他に、対外合作開采海洋石油資源条例や、指導吸収外商投資方向暫行規定などの中にも環境保護規定が見られる。こうした環境条項での対外的な強硬姿勢が、中国環境保護法の中で、環境保護規定の要求に合わない技術設備の導入は禁止するなどといった表現で総括され、外来の制度にありがちな弊害を回避ないしは是正しようとする方向が目指された。

（大和田滝惠「中国の環境問題と内発的発展」『内発的発展と外向型発展―現代中国における交錯』〈宇野重昭・鶴見和子編　共著〉、東大出版会、1994年参照）

国内法規定と国際ルールとの相克

　改革開放政策が決定されるや、中国自身の主体性を基礎に態勢を外向きにして外国の技術や管理方法、資本や人材を取り入れることに主眼が置かれた。中国では、外国側に主導権を取られ従属的な発展の仕方を強いられる外発的発展とは異なり、外来の諸要素を中国のために活用し、

中国が主人公となることに固執してきた。

　こうした強固な戦略姿勢は、法制整備の面で逸早く形として現わされた。例えば、1979年に中外合弁企業法、83年に同実施細則、85年には技術導入契約管理条例などが相次いで制定され、外国と事業を進める際の中国側の主導権を確保する内容が盛り込まれた。

　1980年代後半に始まる「沿海地区経済発展戦略」構想は沿海都市を拠点に外向型経済を推進し、合弁企業の形態が奨励された。その場合、外資パートナーが機械設備などを中国に持ち込んで技術移転を行うことになり、中国側が負担する土地や工場や労働力などと同等の扱いでその工業所有権や特許技術が中外共用に供されるため、中国側はそれらの技術内容を収得するチャンスに恵まれる。中外合資経営企業法実施細則の第46条では、「技術移転取決めの期間終了後、技術導入側は引き続き当該技術を使用する権利を有する」（中国綜合研究所編『現行中華人民共和国六法』、ぎょうせい、1988年、3215頁）と規定しており、中国側の高度技術の吸収、製品の自己開発能力および国産化の進展をバックアップしていた。

（大和田滝恵「中華ナショナリズムと内発的外向型発展」『民族問題の現在』〈 木村直司・今井圭子編　共著 〉、彩流社、1996年参照）

　ところが、この中外合資経営企業法実施細則の規定は世界貿易機関（WTO）の主旨に抵触することから、中国は2001年末のＷＴＯ加盟時に削除した。ＷＴＯの主旨に抵触する根拠は、排他的権利の例外規定に当たるかどうかが問題となる。「排他的権利の例外規定」条文集を見る

と、例外規定は TRIPS 協定（Agreement on Trade-Related Aspects of Intellectual Property Rights 知的所有権の貿易関連の側面に関する協定）の特許権に関する第 30 条にある。日本語訳によると、「加盟国は，第三者の正当な利益を考慮し，特許により与えられる排他的権利について限定的な例外を定めることができる」となっている。（WTO 諸協定は、WTO の HP：www.wto.org を参照。なお、「排他的権利の例外規定」に関しては、東京経済大学の谷口安平教授からアドバイスを受けた。）

　尾島明『逐条解説　TRIPS 協定』139 頁を参考にすると、同種の規定は 13 条、17 条、26 条 2 項にもあるが、かなり限定された例外のように見受けられるところに、WTO に加盟しようとした中国が上記の国内法規定を削除したポイントがあった。（那力、何志鵬著：《WTO 与环境保护》吉林人民出版社，2002 年版参照）

　中国は WTO に加盟するにあたって、自国の不十分な市場経済のため 15 年間は貿易に有利な市場経済国に認定されないことを受け入れ、徹底した改革を進めるはずであった。しかし、15 年が経過した 2016 年 12 月、欧米に続き日本も中国を市場経済国と認定することを見送った。その理由は、中国政府が相変わらず国営企業に対して過剰な融資や補助金など行政手段によって外国企業より有利な地位を与え、事実上の外資排斥政策を採っており、市場が決定的役割を果たす改革を進めていないことだ。市場経済国の認定には、投資ルールや競争条件など、公正な経済活動が国内制度によっても保証されている必要がある。

― 政策原理コラム ―

社会の成り立ちの中の市場と政府の役割

　環境を汚染する企業とは取引関係のない部外者に損害を与える「市場の失敗」（Market Failure）は、企業が自ら環境対策費用を支払い環境コストの内部化を図ることで一応是正される。環境が適正な価格評価を受けて「市場の失敗」を是正し、市場の機能を健全にすることで環境問題は解決していくかのように言われることがある。しかし、何でも金銭で片づけようとする市場の機能が健全でも解決できない問題がある。

　環境コストを内部化しても、それは規制基準を達成すればよいとされることが多く、現行の規制基準が健康維持や生命保持に問題がある場合でも、市場はその属性として価格尺度による対処以外の事はできない。市場は越えてはいけない基準を自ら導き出すわけではないから、市場原理を決定基準とすると健康・生命の救済とは合わないという欠陥を露呈してしまうことになる。

　つまり、市場の機能が健全でも非可逆的な損失は発生し得ることから、市場が本来的にそれ自身として欠陥を抱えているという「市場の欠陥」（Market Defect）が起きるため、市場機能の健全化による環境問題の解決に過度の楽観は許されない。最重大事である死活線は、市場の価格シグナルによる自動制御の決定（Market Automatism）には任せておけないのである。

　市場の自動制御が解決しない問題が存在するところに政府の役割がある。政府は健康・生命を死守する、越えてはいけない基準を意識的に設定することができる。他方、価格シグナルの自動制御という市場それ自身の本来的な欠陥は、豊かさ・富を創り出す人類社会の主脈奔流でもある。市場が本来的な欠陥を露呈して自らを含む社会を失墜させないように、すなわち市場がその属性の中で主脈奔流として有効に役割を保ち、活性化するためにも、政府の作用を第一義とする必要がある。

　健康障害や生命損失を防ぐ枢要を押えることを放棄するとしたら、それは政府の役割、ひいては人間が社会を形成する意味を理解していないことになろう。

第四講　公共政策・社会政策の中の環境政策

一、「協調的発展戦略」の模索

　1992 年、国務院、中国の環境および発展のための綱領的文書「中国の環境と発展の十大対策」：「持続的発展戦略を実行する」と初めて表明。

　1994 年、国務院、「中国 21 世紀議程（議事日程）」：持続的発展の原則を各領域・案件に貫徹させる。

　1996 年、全人大、「国民経済と社会発展の九五計画（第九次五カ年計画）および 2010 年長期目標要綱」：経済体制と経済成長方式の根本的改変にあたり科学技術振興と教育の優先による興国および持続的発展を二大基本戦略として実行していく方針を採択。

　1999 年、「国民経済と社会発展の十五計画（第十次五カ年計画）要綱」「国家環境保護十五計画（第十次五カ年計画）要綱」：経済政策と環境政策を連動させ、政府の「政府調控」（行政コントロール）と「市場机制」（市場メカニズム）を融合し、政府の主導・市場の牽引・民衆の参加による新たな環境保護のメカニズムを構築することによって社会全体の協調的な発展を推進するとした。

（環境政策の基本的な戦略に関しては、中国社会科学院环境与发展研究中心主编：《中国环境与发展评论》，社会科学文献出版社，2001年版参照）

国家環境保護総局の環境計画主要文書
国家环境保护"十五"计划
指导思想和目标

　　以强化执法监督和提高环境管理能力为保障，以改善环境质量和保护人民群众健康为根本出发点，坚持政府调控与市场机制相结合，通过体制创新和政策创新，建立政府主导、市场推进、公众参与的环境保护新机制，全面推动经济、社会、环境的协调发展。

规划实施的保障措施

　　实现环境保护的公益性与市场经济的竞争性有机结合，法律法规的强制性与企业、公众的自愿性有机结合，综合运用法规强制、行政管理、市场引导、公众自愿等手段，形成全社会自觉保护环境的氛围。

（国家環境保護総局のHP：www.zhb.gov.cn/ を参照）

（国家環境保護「十五」〈第十次五力年〉計画
指導思想と目標

　　法律の執行監督を強化し環境管理能力を高めることをもって保障と成し、環境質を改善し人民大衆の健康を保護することを根本的な出発点とし、政府による調整と市場メカニズムとの結合を堅持し、体制の刷新と政策の刷新を通して政府が主導し、市場が推進し、公衆が参加する環境

保護の新しい機構を構築し、全面的に経済、社会、環境の協調発展を推し進める。

企画実施の保障施策

環境保護の公益性と市場経済の競争性との有機的結合、法律法規の強制性と企業、公衆の自発性との有機的結合を実現し、法規の強制、行政の管理、市場の誘導、公衆のボランティア等の手段を総合的に運用し、全社会が自覚して環境を保護する雰囲気を形成する。）

2006年、「国民経済と社会発展の第十一次五カ年（2006—2010年）計画要綱」：第10次5カ年計画期間が経済成長至上主義によって資源・エネルギーの浪費と環境破壊をもたらしたため、投資の過熱を改め、調和のとれた持続可能な発展を目指す「科学的発展観」を指導思想として打ち出した。そのため、初めて省エネ目標と環境保護目標を掲げた。

2011年、「国民経済と社会発展の第十二次五カ年（2011—2015年）計画要綱」
　　　　「国家環境保護の第十二次五カ年計画」
2013年、「エネルギー発展の第十二次五カ年計画」

第11次5カ年計画期間に引き続き、投資主導型の経済発展方式を転換し、持続可能性を高めて経済成長の質的向上を図るとした。環境保護事業を科学的に発展させ、資源節約型・環境配慮型の社会を目指した。

2016 年、「国民経済と社会発展の第十三次五カ年（2016—2020 年）計画要綱」

今期の最優先課題は大気質の改善であり、大気汚染に関わるスモッグ対策や重点地域における PM2.5 濃度の持続的な低下に力点を置く。石炭燃焼や自動車の排気など汚染源の規制措置と重点地域の汚染対策を強化し、各レベルの政府が汚染防止の共同実施を徹底する連携メカニズムを構築する。結果として、経済成長と都市化の中での環境汚染物質の絶対量を大幅に下げて国民の健康被害を食い止める。

空洞の勝利にしないために

過去 20 年間で中国の工業化、高度経済成長に伴う都市化によって世界で最も深刻な環境問題に直面する国家の仲間入りをした。環境汚染は人と経済に巨大な代償をもたらすもので、もし中国の大気汚染の程度が政府規定の基準以下に下降すれば、毎年 28.9 万人の死亡者を減らせるし、GDP の 3 ～ 8％の経済損失をなくせる。将来的に人々の生存環境を改善しなければ経済の目覚しい成長目標を実現したとしても、それは単なる空洞の勝利（空洞的勝利）に過ぎない。（曹凤中主編：《経済 環境 発展》，中国环境科学出版社，1999 年版，30 頁参照）

本末転倒に陥ることは国家建設の目的ではない

"保障人体健康" 和 "促进社会主义现代化建设的发展" 是我国环境保护法的双重目的，符合中国的实际。"保障人体健康" 和 "促进社会主

义现代化建设的发展"是辩证的关系。我国发展经济的根本目的，是为了广大人民群众的利益；实现现代化，包括要保护和创造良好的生活环境与生态环境，如果经济发展了，人们手里钱多了，但呼吸的空气是不新鲜的，喝的水是脏的，工作、学习和生活的环境是被污染的，那并不是真正的现代化，不是人民群众的希望，也不是我们现代化建设的目的。相反，如果环境保护工作搞好了，人们有了清洁、适宜的生活环境和符合生态系统健全发展的生态环境，身体健康得到了保障，人们就会在生产劳动中发挥积极性和创造精神，从而促进经济的发展；经济发展了，就可以为环境保护工作提供更多的资金、人力和物力，从而可以更好地保障人体健康。（李鹏总理在第四次全国环境保护会议上的讲话：《环境工作通讯》，1996年第八期，5页）

（「人体の健康の保障」と「社会主義現代化建設の発展の促進」はわが国の環境保護法の二重の目的であり、中国の現実と符合している。「人体の健康の保障」と「社会主義現代化建設の発展の促進」は弁証法的な関係である。わが国が経済を発展させる根本的な目的は、広大な人民大衆の利益のためである。現代化の実現は、良好な生活環境と生態環境を保護および創造しなければならないことを含んでおり、もし経済が発展して人々の手の内の金銭が多くなっても、呼吸する空気が新鮮でなく、飲む水が汚く、仕事、勉強および生活の環境が汚染されていたら、そんなことでは決して本当の現代化ではなく、人民大衆の希望ではなく、私たちの現代化建設の目的でもない。反対に、もし環境保護事業がうまくいき、人々に清潔で適正な生活環境と生態系の健全な発展に符合する生態環境があれば、身体の健康は保障を得られ、人々は生産労働の中で積

極性と創造的精神を発揮し、それによって経済的な発展を促進するだろう。経済が発展すれば、環境保護事業のために更に多くの資金、人力および物力をもたらすことができ、それによって更に良く人体の健康を保障することができる。)

持続可能な発展戦略が国民の物質文化の需要を満たす

环境保护法必须反映社会主义经济规律的要求。社会主义经济规律要求，一切经济活动必须以最大限度地满足人民日益增长的物质文化需求为目的。这就要求环境保护法在调整环境保护关系时，必须引导和保障社会经济活动符合可持续发展的战略，做到经济、社会与环境效益相统一。(韩德培主编：《环境保护法教程》，法律出版社，1998年版，19页)

(環境保護法は必ず社会主義経済法則の要求を反映しなければならない。社会主義経済法則は、一切の経済活動が必ず最大限に人民の日増しに増大する物質文化の需要を満たすことを目的としなければならないことを要求している。したがって、環境保護法が環境保護の関係を調整する際に、必ず持続可能な発展戦略と符合するように社会経済活動を誘導および保障し、経済、社会と環境との効果利益の統一を達成しなければならないことを要求している。)

環境政策を公共政策および社会政策とする整合性とは

識者たちの主張によると、環境問題を改善することは生活環境を良好な状態にするという意味で、社会主義政治体制が目的とする国民（公民）

のための公共政策および社会政策である。ただ、憲法も環境保護法も未だ国民に対して、良好な生活環境で生存する権利と、環境を保護する義務に関して明確な規定を設けているわけではない。とりわけ法律的に国民のために環境権益を保障していないことは、政治体制の重点が公共政策および社会政策にあるとする中国においては、建前に対して整合性がとれていない欠陥である。こうした政治体制と規範的根拠との不整合が、政策信頼効果との関連から中国で環境汚染・破壊を効果的に防止し得ていない原理的な遠因と考えられる。

（憲法と行政法関係は、陈泉生、张梓太著:《宪法与行政法的生态化》, 法律出版社, 2001 年版参照）

二、裏付けとなる具体的な法規の内容

憲法第九条：国家保障自然资源的合理利用，保护珍贵的动物和植物。禁止任何组织或者个人利用任何手段侵占或者破坏自然资源。

（憲法第九条：国は自然資源の合理的な利用を保障し、希少な動物および植物を保護する。いかなる組織あるいは個人もどんな手段であれ自然資源を占拠あるいは破壊することを禁止する。）

憲法第十条：一切使用土地的组织和个人必须合理利用土地。

（憲法第十条：土地を使用する一切の組織および個人は土地を合理的に利用しなければならない。）

宪法第二十二条：国家保护名胜古迹、珍贵文物和其他重要历史文化遗产。
（憲法第二十二条：国は名勝旧跡、希少文物およびその他の重要な歴史的文化遺産を保護する。）

宪法第二十六条：国家保护和改善生活环境和生态环境，防治污染和其他公害。
同第二款：国家组织和鼓励植树造林、保护林木。
（憲法第二十六条：国は生活環境と生態環境を保護および改善し、汚染とその他の公害を防除する。
　同第二項：国は植樹造林を組織および奨励し、林木を保護する。）

环境保护法第一条：为保护和改善生活环境与生态环境，防治污染和其他公害，保障人体健康，促进社会主义现代化建设的发展，制定本法。
（環境保護法第一条：生活環境と生態環境を保護および改善し、汚染とその他の公害を防除し、人体の健康を保障し、社会主義現代化建設の発展を促進するため、本法を制定する。）

环境保护法第二条：本法所称环境，是指影响人类生存和发展的各种天然的和经过人工改造的自然因素的总体，包括大气、水、海洋、土地、矿藏、森林、草原、野生生物、自然遗迹、人文遗迹、自然保护区、风景名胜区、城市和乡村等。

（環境保護法第二条：本法が称する環境とは、人類の生存と発展に影響する各種の天然および人工的な改造を経た自然要素の総体を指し、大気、水、海洋、土壌、鉱物、森林、草原、野生生物、自然遺跡、人文遺跡、自然保護区、風景名勝区、都市および農村等を含む。）

环境保护法第四条：国家制定的环境保护规划必须纳入国民经济和社会发展计划，国家采取有利于环境保护的经济、技术政策和措施，使环境保护工作同经济建设和社会发展相协调。
（環境保護法第四条：国が制定する環境保護計画は必ず国民経済および社会発展計画に入れなければならず、国は環境保護に有利な経済、技術政策および施策を採用し、環境保護事業を経済建設および社会発展と協調させる。）

環境保護法の改正

　中国環境保護法は改正され、2015年1月1日から施行されている。近年の中国における環境問題の悪化と、現行制度の実効性の欠如を懸念して、制度と行政責任の整備、規制と罰則の強化、情報公開と市民参加と公益訴訟に関する規定の明確化など、加筆修正された箇所は少なくない。第17条で、環境監視網の構築と、その管理が強化された。第19条では、事前の環境影響評価の実施が義務付けられている。第26条には、環境保護目標責任制と審査結果公表の義務付けが規定された。第29条と第31条で、生態系保護レッドラインの画定と生態系保護補償制度の

構築が規定されている。第37条と第38条で、生活ごみの分別回収が義務づけられた。第44条と第45条で、重点汚染物質の排出総量規制制度と汚染排出許可管理制度が新設されている。また、第5章は情報公開と市民参加に関して新たに設けられた章であり、第53条から第57条まで国民の情報取得と環境保護に参加・監督する権利が明確に規定された。また、第58条で、公益団体NPOが環境訴訟を提訴できるようにした。最後に、罰則の強化について、罰金の低さは企業が違法でも汚染対策を怠る免罪符になっているため、第59条では違法企業が是正命令に従わない場合、当初の罰金が日々重複して加算されていく余地が規定されている。

第五講　環境政策の公準問題と法政策

一．中国の環境規制基準

規制基準に関する考え方

　中国の環境汚染に対する規制基準を決める考え方は、主に人体の汚染許容能力を超えないように客観的な境界数値に立脚しつつも、生態系の汚染許容能力で問題となる汚染物質の排出総量については、人体に影響を及ぼす数値以下を未達成な汚染地域の排出総量を鋭意削減するという恣意的思考に止まっている。つまり、生態系の汚染許容能力を超えない客観的な排出総量の目標設定はきわめて不完全であり、恣意的な目標設定による汚染水準の低減では地域社会で人体に影響を及ぼす数値以下を達成することと矛盾を来たし得るという問題が残る。また、規制基準のレベルに関する考え方として、技術水準や経済的合理性がレベル策定の大前提となっており、実際に行政執行が可能かどうかの現実性あるいは確実性が重視されていることに注意しておきたい。

　　环境质量标准，是为保护人体健康、社会物质财富安全和维护生态平衡，对环境中有害物质或因素含量的最高限额和有利坏境要素的最低要求所作的规定。污染物排放标准，是为了实现环境质量目标，结合技术经济

条件和环境特点，对排入环境的污染物或者有害因素所作的控制规定。（刘国涛主编：《环境与资源保护法学》，中国法制出版社，2004 年版，68—69 页）

（環境質基準は人体の健康、社会の物質的財貨の安全を保護し生態系のバランスを維持するため、環境中の有害物質あるいは因子の含有最高限度および環境要素を有利にする最低要求に対して設ける規定である。汚染物質の排出基準は環境質の目標を実現するため、技術的経済的な条件および環境の特性に合わせて、環境に入り込む污染物質あるいは有害因子に対して設ける規制規定である。）

環境基準とは一定の環境中の污染物質が人体あるいは生物に対して如何なる悪しき影響もない最大量（無作用量）か、または污染物質が人体あるいは生物に引き起こす悪しき影響の最小量（閾値量）であり、例えば大気中の二酸化硫黄は年平均濃度が 0.115mg/m^3 を超える場合、人体の健康に有害な影響をもたらすことが科学的実験および調査研究から判明しており、この濃度値が大気中の二酸化硫黄の環境基準である。このように、環境基準は人為的に策定したものではなく、客観的な数値である。（刘国涛主编：《环境与资源保护法学》，中国法制出版社，2004 年版，69 页）

環境基準を策定する基本原則
1. 政策性原則―最も好ましい環境利益、経済利益、社会利益の実現。
2. 科学性原則―有害な影響を生じない最大量・濃度の環境基礎基準値の範囲内。

※ 環境基礎基準から決め、1983 年公布の制订地方水污染物排放标准的技术原则与方法（地方水汚染物質排出基準を策定する技術原則と方法）が始まり。
3．区别对应原则—企业类型や污染物有害度について、新工場には厳しい態度で臨み、年代の古い工場には寛大に取り扱うように区別。
4．现实性原则—制定环境标准，一方面要根据生物生存和发展的需要，同时还要考虑到经济合理、技术可行。要从实际出发做到切实可行，要对社会为执行标准所花的总费用和收到的总效益进行费用效益分析，寻求一个既能满足人群健康和维护生态平衡的要求，又使防治费用最小，能在近期内实现的环境标准。（韩德培主编：《环境保护法教程》，法律出版社，1998 年版，109—110 页）

　（環境基準の策定は、一方で生物の生存と発展のニーズに基づく必要があると同時に、他方で経済的合理性や技術的にやっていけるかどうかを考えに入れる必要がある。実際から出発し、確実にやっていけるようにしなければならず、社会が基準を執行するために費やす総費用と収得する効果および利益の総量に対して費用対効果の分析を行い、人間集団が健康で生態系の平衡を維持するという要求を満たせ、しかも防除費用を最小にし、近いうちに実現できる環境基準を追求しなければならない。）

環境公準の問題　　公準＝アプリオリに定める公理基準
　　　　　　　　　　　公的介入の準拠枠・政策基準
　環境政策の公準とは、どんな方法で、どの程度、汚染を制御するかに

ついて主体性の発揮が要求される公的介入の準拠枠であり、国が目指す環境に関する政策基準である。中国では規制基準、許可証制度、期限対策制度、汚染排出費制度等を駆使し、それらを一体的に実施することで目標への照準が定まってくると考えられている。

　重要な視点は、規制と許可証および汚染排出費の支払いとの関係、許可証と汚染排出費との関係、そして"技術上可行、経済上合理、資金上可能"(技術的にやっていける、経済的に合理的、資金的に可能) という立脚点を押さえておくことである。

　ここでは、上記諸制度の中で早い時期から実施されながら、まとまった法規内容の規定がない期限対策制度について解説しておきたい。

　期限対策制度は汚染がひどい地区、業種、事業体に対して一定期限内に汚染制御の目標を達成させる制度である。做到投資少、見効快、効益好(投資が少なくて済み、効果の出方が早く、利益がよい状態を実現する)がスローガンとなっている。企業にとっての期限制御の目標は、排出する汚染が国家あるいは地方の規定する排出基準の達成が要求される。地区環境の期限制御の目標は、当該地区の環境基準の達成が要求される。1978年に冶金や石油等277のひどい汚染源に対して期限対策を発動したのが制度の開始。85年までに重金属汚染の制御に一定の成果を上げた。

期限対策制度のポイント：
（１）各級政府機関の決定に基づく行政管理の強制措置。強制の担保

は、環境保護法第三十九条の期限未制御事業体には既定の超過汚染排出費の支払い以外に、影響の度合に応じて罰金、操業停止、閉鎖を命じ得る規定に基づいている。
(2) 明確な期限要求。時間を制限することで励行効果と迅速特効が期待できる。
(3) 具体的な制御目標。考量尺度は排出基準あるいは環境基準の達成。
(4) 費用対効果の効用。限られた財源で突出した汚染源対策が打てる。
(5) 中国の環境問題状況にフィット。全国汚水排出総量の70—80%が汚染大戸(重大汚染事業所)。

(韩德培主编：《环境保护法教程》，法律出版社，1998年版，97—98頁参照。)

行政規制機構に内在する問題

環境保護法では各レベルの政府の環境保護行政主管部門によって総合的な環境管理体制をとると明確に規定されているが、その環境保護行政主管部門と他の行政部門との役割分担が明確ではない。したがって、目下の環境保護行政主管部門が統一的に監督管理するという職能を発揮しにくい状況にある。このことが行政規制機構を主とする総合的な制御機構の構築に重大な悪影響をもたらしている。(陈泉生著：《环境法原理》，法律出版社，1997年版，145頁参照)

环境保护法第七条：国务院环境保护行政主管部门，对全国环境保护工

作实施统一监督管理。县级以上地方人民政府环境保护行政主管部门，对本辖区的环境保护工作实施统一监督管理。

（環境保護法第七条：国務院の環境保護行政主管部門は、全国の環境保護業務に対して統一した監督管理を実施する。県レベル以上の地方人民政府の環境保護行政主管部門は、管轄区の環境保護業務に対して統一した監督管理を実施する。）

二、裏付けとなる具体的な法規の内容

水污染防治法　　水汚染防除法　　1984 年 11 月施行（1996 年修正）

第六条　省、自治区、直辖市人民政府可以对国家水环境质量标准中未规定的项目，制定地方补充标准，并报国务院环境保护部门备案。

（省、自治区、直轄市の人民政府は国の水質環境基準の中で規定していない項目について地方の補充基準を制定し、併せて国務院の環境保護部門に報告し登録することができる。）

第七条　省、自治区、直辖市人民政府对国家水污染物排放标准中未作规定的项目，可以制定地方水污染排放标准；对国家水污染物排放标准中已作规定的项目，可以制定严于国家水污染物排放标准的地方水污染物排放标准。地方水污染物排放标准须报国务院环境保护部门备案。

（省、自治区、直轄市人民政府は国の水汚染物質排出基準の中で規定していない項目について地方の水汚染排出基準を制定することができ

る。国の水汚染物質排出基準の中ですでに規定している項目については国の水汚染物質排出基準より厳しい地方の水汚染物質排出基準を制定することができる。地方の水汚染物質排出基準は国務院の環境保護部門に報告し登録する必要がある。)

第十四条　直接或者間接向水体排放污染物的企业事业单位，应当按照国务院环境保护部门的规定，向所在地的环境保护部门申报登记拥有的污染物排放设施、处理设施和在正常作业条件下排放污染物的种类、数量和浓度，并提供防治水污染方面的有关技术资料。

（直接あるいは間接に水域へ汚染物質を排出する企業・事業所は、国務院環境保護部門の規定に従って所在地の環境保護部門へ擁する汚染物質の排出施設、処理施設、正常に作業する条件の下で排出する汚染物質の種類、数量および濃度について申告登録し、併せて水汚染を防除する分野の関係技術資料を提出しなければならない。)

第十五条　企业事业单位向水体排放污染物的，按照国家规定缴纳排污费；超过国家或者地方规定的污染物排放标准的，按照国家规定缴纳超标准排污费。

　　排污费和超标准排污费必须用于污染的防治，不得挪作他用。

　　超标准排污的企业事业单位必须制定规划，进行治理，并将治理规划报所在地的县级以上人民政府环境保护部门备案。

（水域へ汚染物質を排出する企業・事業所は、国の規定に従って汚

排出費を納める。国あるいは地方が規定する汚染物質排出基準を超過する企業・事業所は、国の規定に従って基準超過汚染排出費を納める。)

汚染排出費と基準超過汚染排出費は必ず汚染の防除に用い、他に流用してはならない。

基準を超過して汚染を排出する企業・事業所は必ず計画を策定し、汚染の防除を進め、併せて防除計画を所在地の県レベル以上の人民政府環境保護部門に報告し登録しなければならない。)

第十六条　省级以上人民政府对实现水污染达标排放仍不能达到国家规定的水环境质量标准的水体，可以实施重点污染物排放的总量控制制度，并对有排污量削减任务的企业实施该重点污染物排放量的核定制度。

（省レベル以上の人民政府は、水汚染の基準達成排出を実現してもなお国が規定する水質環境基準を達成できない水域に対して、重点的な汚染物質を排出する総量規制制度を実施し、併せて汚染排出量削減の義務がある企業に対して当該重点汚染物質の排出量査定制度を実施することができる。

第二十条　在生活饮用水地表水源取水口附近可以划定一定的水域和陆域为一级保护区。禁止向生活饮用水地表水源一级保护区的水体排放污水。

禁止在生活饮用水地表水源一级保护区内从事旅游、游泳和其他可能污染生活饮用水水体的活动。

禁止在生活饮用水地表水源一级保护区内新建、扩建与供水设施和保护水源无关的建设项目。
　　在生活饮用水地表水源一级保护区内已设置的排污口，由县级以上人民政府按照国务院规定的权限责令限期拆除或者限期治理。
　（生活飲料水の地表水源取水口付近で一定の水域と陸域を一級保護区として画定することができる。生活飲料水地表水源の一級保護区水域へ汚水を排出することを禁止する。
　生活飲料水地表水源の一級保護区内で旅行、水泳その他、生活飲料水の水域を汚染する可能性のある活動に従事することを禁止する。
　生活飲料水地表水源の一級保護区内に給水施設や水源保護と無関係な建設プロジェクトを新築、増築することを禁止する。
　生活飲料水地表水源の一級保護区内にすでに設置している汚染排出口は、県レベル以上の人民政府が国務院の規定する権限に従って期限内に取り壊すか取り除くことを命じる。）

※　汚染排出許可証制度は法律制度として明確にされていない。

水污染防治法实施细则　　**水污染防除法実施細則**　2000 年 7 月施行
第四条　向水体排放污染物的企业事业单位，必须向所在地的县级以上地方人民政府环境保护部门提交《排污申报登记表》。
　　企业事业单位超过国家规定的或者地方规定的污染物排放标准排放污染物的，在提交《排污申报登记表》时，还应当写明超过污染物排放标准的原因及限期治理措施。

（水域へ汚染物質を排出する企業・事業所は、必ず所在地の県レベル以上の地方人民政府の環境保護部門へ「汚染排出申告登録票」を提出しなければならない。

国あるいは地方が規定する汚染物質排出基準を超えて汚染物質を排出する企業・事業所は、「汚染排出申告登録票」を提出するとき、なお汚染物質排出基準を超過する原因および期限までの防除措置を明記しなければならない。）

第六条　对实现水污染物达标排放仍不能达到国家规定的水环境质量标准的水体，可以实施重点污染物排放总量控制制度。

（水汚染物質の基準達成排出を実現してもなお国が規定する水質環境基準を達成できない水域に対して、重点的な汚染物質を排出する総量規制制度を実施することができる。）

第七条　总量控制计划应当包括总量控制区域、重点污染物的种类及排放总量、需要削减的排污量及削减时限。

（総量規制計画は総量規制区域、重点汚染物質の種類と排出総量、削減する必要がある汚染排出量および削減期限を含んでいなければならない。）

第八条　总量控制实施方案应当确定需要削减排污量的单位、每一排污单位重点污染物的种类及排放总量控制指标、需要削减的排污量以及削减

時限要求。

（総量規制の実施方法は汚染排出量を削減する必要がある事業所、汚染排出事業所ごとの重点汚染物質の種類と排出総量の規制指標、削減を必要とする汚染排出量および削減期限の要求を確定しなければならない。）

第十条　县级以上地方人民政府环境保护部门根据总量控制实施方案，审核本行政区域内向该水体排污的单位的重点污染物排放量，对不超过排放总量控制指标的，发给排污许可证；对超过排放总量控制指标的，限期治理，限期治理期间，发给临时排污许可证。具体办法由国务院环境保护部门制定。

（県レベル以上の地方人民政府の環境保護部門は総量規制の実施方法に基づき、当行政区域内の当該水域へ汚染排出する事業所の重点汚染物質の排出量を審査し、排出総量規制の指標を超えない事業所に対しては、汚染排出許可証を発給する。排出総量規制の指標を超える事業所に対しては、期限までに防除させ、その期間は臨時汚染排出許可証を発給する。具体的な方法は国務院の環境保護部門が制定する。）

第二十一条　生活饮用水地表水源一级保护区内的水质，适用国家《地面水环境质量标准》Ⅱ类标准；二级保护区内的水质，适用国家《地面水环境质量标准》Ⅲ类标准。

（生活飲料水地表水源の一級保護区内の水質は、国の「地上水質環境

基準」Ⅱ類基準を適用し、二級保護区内の水質は、国の「地上水質環境基準」Ⅲ類基準を適用する。)

第四十四条　不按照排污许可证或者临时排污许可证的规定排放污染物的，由颁发许可证的环境保护部门责令限期改正，可以处 5 万元以下的罚款；情节严重的，并可以吊销排污许可证或者临时排污许可证。
　　(汚染排出許可証あるいは臨時汚染排出許可証の規定に従って汚染物質を排出しない事業所は、許可証を発行する環境保護部門が期限までの是正を命じ、5 万元以下の罰金に処すことができる。情状重大なのは、併せて汚染排出許可証あるいは臨時汚染排出許可証を取り上げることができる。)

水污染物排放许可证管理暂行办法
水汚染物質排出許可証管理暫行弁法　　　　　　1988 年 3 月施行
第二条　在污染物排放浓度控制管理的基础上，通过排污申报登记，发放水污染物《排放许可证》，逐步实施污染物排放总量控制。
　　(汚染物質の排出濃度規制管理の基礎の上に、汚染排出の申告登録、水汚染物質「排出許可証」の発給を通して、徐々に汚染物質排出の総量規制を実施する。)

第五条　排污单位必须在指定时间内，向当地环境保护行政主管部门办理排污申报登记手续，并提供防治水污染方面的有关技术资料。

（汚染排出事業所は必ず指定期間内に現地の環境保護行政主管部門へ汚染排出の申告登録手続きを行い、併せて水汚染を防除する分野の関係技術資料を提出しなければならない。）

第十条　排污単位必須在規定的時間内，持当地環境保護行政主管部門批准的排污申報登記表申請《排放許可証》。
　　（汚染排出事業所は必ず指定期間内に現地の環境保護行政主管部門が批准した汚染排出の申告登録票を持って「排出許可証」を申請しなければならない。）

第十一条　地方環境保護行政主管部門在本地区内実行污染物排放総量控制，応根拠水体功能或水質目標的要求進行総量分配，根拠水污染和污染物排放現状，確定污染物削減量。
　　（地方の環境保護行政主管部門が当地区内で実行する汚染物質排出の総量規制は、水域の機能あるいは水質目標の要求に基づいて総量の配分を行い、水汚染および汚染物質排出の現状に基づいて汚染物質の削減量を確定しなければならない。）

第十二条　地方環境保護行政主管部門，根拠当地污染排放総量控制的指標核准排污単位的排放量。対不超出排污総量控制指標的排污単位，頒発《排放許可証》。対超出排污総量控制指標的排污単位，頒発《臨時排放許可証》，并限期削減排放量。

（地方の環境保護行政主管部門は、現地の汚染排出の総量規制指標に基づいて汚染排出事業所の排出量を審査の上で許可する。汚染排出総量規制の指標を超えない汚染排出事業所に対しては、「排出許可証」を発行する。汚染排出総量規制の指標を超える汚染排出事業所に対しては、「臨時排出許可証」を発行し、併せて期限までに排出量を削減させる。）

第十五条　持有《排放许可证》或《临时排放许可证》的排污单位，不免除缴纳排污费和其它法律规定的责任。

（「排出許可証」あるいは「臨時排出許可証」を持っている汚染排出事業所は、汚染排出費の納入および法律が規定するその他の責任を免除されない。）

第十六条　排污单位必须严格按照排放许可证的规定排放污染物，禁止无证排放。

（汚染排出事業所は必ず厳格に排出許可証の規定に従って汚染物質を排出しなければならず、許可証なき排出を禁止する。）

第十七条　排污单位必须按规定向当地环境保护行政主管部门报告本单位的排污情况。

（汚染排出事業所は必ず規定に従って現地の環境保護行政主管部門へ当事業所の汚染排出状況を報告しなければならない。）

第十九条　持有《临时排放许可证》的单位，必须定期向当地环境保护行政主管部门报告削减排放量的进度情况。

　　经削减达到排污总量控制指标的单位，可向当地环境保护行政主管部门申请《排放许可证》。

（「臨時排出許可証」を持っている事業所は、必ず定期的に現地の環境保護行政主管部門へ排出量削減の進行状況を報告しなければならない。

　削減が汚染排出総量規制の指標に到達した事業所は、現地の環境保護行政主管部門へ「排出許可証」を申請できる。）

第二十条　违反《排放许可证》规定额度超量排污的，当地环境保护行政主管部门根据情节，有权中止或吊销其《排放许可证》。

　　被中止排放许可证的单位，在规定时间内达到排放许可证要求的，由当地环境保护行政主管部门恢复其被中止的排放许可证。

　　被吊销排放许可证的单位，必须重新申请《排放许可证》。

（「排出許可証」規定の数量限度に違反して超過汚染排出をした事業所は、現地の環境保護行政主管部門が情状に基づき、その「排出許可証」を中止にするか、取り消す権限を持つ。

　排出許可証を中止にされた事業所で、規定の期限内に排出許可証の要求を達成した場合は、現地の環境保護行政主管部門がその中止された排出許可証を回復させる。

　排出許可証を取り消された事業所は、新たに「排出許可証」を申請

しなければならない。)

第二十一条 水污染排放总量控制指标,可以在本地区的排污单位间互相调剂。但必须由当地环境保护行政主管部门批准。

(水汚染排出の総量規制指標は、当地区の汚染排出事業所間で相互に調整することができる。ただし、必ず現地の環境保護行政主管部門が批准しなければならない。)

第二十三条 违反本办法规定有下列行为之一的,由环境保护行政主管部门根据不同情节,给予警告或处以罚款。

(二)逾期未完成污染物削减量以及超出《排放许可证》规定的污染物排放量的,处以1万元以下(含1万元)罚款,并加倍收缴排污费。

(本弁法の規定に違反し下記行為の1つに当たる場合、環境保護行政主管部門が情状の違いに基づき、警告を与えるか罰金に処する。

(二)期限までに汚染物質の削減量が未達成および「排出許可証」が規定する汚染物質の排出量を超過した場合、1万元以下〈1万元を含む〉の罰金に処し、併せて汚染排出費を倍額徴収する。)

淮河和太湖流域排放重点水污染物许可证管理办法（试行）
淮河および太湖流域の排出重点水汚染物質許可証管理弁法（試行）

2001 年 10 月施行

第三条　国家在淮河和太湖流域实施重点水污染物排放总量控制区域实行排放重点水污染物许可证制度。

（国は淮河と太湖流域の重点的な水汚染物質の排出総量規制を実施している区域において、重点的な水汚染物質を排出する許可証制度を実行する。）

第四条　排污单位排放重点水污染物不得超过国家和地方规定的水污染物排放标准和排放总量控制指标。

（汚染排出事業所が排出する重点的な水汚染物質は、国と地方が規定する水汚染物質の排出基準および排出総量規制の指標を超過してはならない。）

第五条　排污单位必须按照本办法的规定申请领取排放重点水污染物许可证（以下简称排污许可证），并按照排污许可证的规定排放重点水污染物。禁止无排污许可证的排污单位排放重点水污染物。

（汚染排出事業所は必ず本弁法の規定に従って重点的水汚染物質排出許可証〈以下汚染排出許可証と略称〉を申請取得し、併せて汚染排出許可証の規定に従って重点的水汚染物質を排出しなければならない。汚染排出許可証のない汚染排出事業所が重点的水汚染物質を排出する

ことを禁止する。)

第九条（一） 对排放的重点水污染物符合国家或者地方规定的排放标准和排放总量控制指标的，予以批准，发放《排放重点水污染物许可证》；

((一) 排出する重点的水汚染物質が国あるいは地方が規定する排出基準と排出総量規制指標に符合する事業所に対して、批准した上、「重点的水汚染物質排出許可証」を発行する。)

（二）对因排放重点水污染物超过排放总量控制指标而被责令限期治理的，予以批准，发放《临时排放重点水污染物许可证》；被责令限期治理的排污单位完成限期治理任务，经环境保护部门验收合格的，应当申请换发《排放重点水污染物许可证》；

((二) 排出した重点的水汚染物質が排出総量規制指標を超過したため期限までに防除することを命じられた事業所に対しては、批准した上、「臨時重点的水汚染物質排出許可証」を発行する。期限までに防除することを命じられた事業所が期限までに防除の義務を達成し、環境保護部門の検収を経て合格したら、申請して「重点的水汚染物質排出許可証」と切り替えなければならない。)

（三）对排放重点水污染物超过国家或者地方规定的污染物排放标准的，或者经限期治理排放重点水污染物仍然超过排放总量控制指标的，不予批准发放排污许可证。

((三) 排出した重点的水汚染物質が国あるいは地方が規定する汚染物質排出基準を超過するか、あるいは期限までに排出する重点的水污

染物質の防除を行ってもなお排出総量規制指標を超過する事業所に対しては、汚染排出許可証の発行に批准を与えない。)

环境标准管理办法　　環境基準管理弁法　　　　1999 年 4 月施行
第七条（一）为保护自然环境、人体健康和社会物质财富，限制环境中的有害物质和因素，制定环境质量标准；
　　　（二）为实现环境质量标准，结合技术经济条件和环境特点，限制排入环境中的污染物或对环境造成危害的其他因素，制定污染物排放标准（或控制标准）；
((一) 自然環境、人体の健康および社会の物質的な財貨を保護し、環境中の有害物質とその要素を制限するため、環境質基準を制定する。
　(二) 環境質基準を実現し、技術的経済的条件と環境特性を結び付け、環境中に入り込む汚染物質あるいは環境に対して危害をもたらすその他の要素を制限するため、汚染物質排出基準〈あるいは規制基準〉を制定する。)

第九条　省、自治区、直辖市人民政府对国家环境质量标准中未作规定的项目，可以制定地方环境质量标准；对国家污染物排放标准中未作规定的项目，可以制定地方污染物排放标准；对国家污染物排放标准已作规定的项目，可以制定严于国家污染物排放标准的地方污染物排放标准。
　（省、自治区、直轄市の人民政府は国の環境質基準の中で規定してい

ない項目に対して、地方の環境質基準を制定することができる。国の汚染物質排出基準の中で規定していない項目に対して、地方の汚染物質排出基準を制定することができる。国の汚染物質排出基準がすでに規定している項目に対して、国の汚染物質排出基準より厳しい地方の汚染物質排出基準を制定することができる。)

第十条 制定环境标准应遵循下列原则:
(一)以国家环境保护方针、政策、法律、法规及有关规章为依据,以保护人体健康和改善环境质量为目标,促进环境效益、经济效益、社会效益的统一;
(二)环境标准应与国家的技术水平、社会经济承受能力相适应;
(三)各类环境标准之间应协调配套;
(四)标准应便于实施与监督;
(五)借鉴适合我国国情的国际标准和其他国家的标准。
(環境基準を制定するには下記列挙の原則を遵守しなければならない。
(一)国の環境保護の方針、政策、法律、法規および関係する規則に依拠し、人体の健康の保護と環境質の改善を目標とし、環境、経済および社会のそれぞれの効果と利益の統一を促進する。
(二)環境基準は国の技術水準、社会経済の受け入れ能力と相応でなければならない。
(三)各種類の環境基準の間で調整が取れ釣り合っていなければならない。

（四）基準は実施および監督しやすくなければならない。

（五）わが国の国情に適合する国際基準およびその他の国の基準を参考にする。）

地表水環境基準

Ⅰ類…水源および自然保護区
Ⅱ類…生活飲用地表水源地一級保護区、稀少水生生物生息地、魚介類産卵場等
Ⅲ類…生活飲用地表水源地二級保護区、魚介類越冬場、水産養殖区等
Ⅳ類…一般工業用水区、人体非直接接触娯楽用水区等
Ⅴ類…農業用水区および一般景観要求水域

mg/L	水銀	カドミウム	六価クロム	鉛	砒素	シアン化	亜鉛	セレニウム
Ⅰ類	0.00005	0.001	0.01	0.01	0.05	0.005	0.05	0.01
Ⅱ類	0.00005	0.005	0.05	0.01	0.05	0.05	1.0	0.01
Ⅲ類	0.0001	0.005	0.05	0.05	0.05	0.2	1.0	0.01
Ⅳ類	0.001	0.005	0.05	0.05	0.1	0.2	2.0	0.02
Ⅴ類	0.001	0.01	0.1	0.1	0.1	0.2	2.0	0.02

汚水総合排出基準

蓄積性が高く健康に長期的悪影響を及ぼす第1類汚染物質の最大許容排出濃度 (mg/L)：

総水銀　0.05　　アルキル水銀　不検出　　総カドミウム　0.1　　六価クロム　0.5

総砒素　0.5　　総鉛　1.0　　総ニッケル　1.0　　3,4-a ベンウピレン　0.00003

など

人体に対する安全量の決め方

　先進国では動物実験で化学物質を逓増して統計的な無作用量（あるいは閾値）を割り出し、その値の 100 分の 1 を人体の許容量と定めることが多い。

　　閾値＝刺激の強さを連続的に変化させた時の生体に反応を引き起こすか起こさないかの境界。通常、これ以下だったら影響がないと言える数値。

　积极采用国际环境标准和国外先进环境标准的原则。采用国际环境标准和国外先进环境标准，既可以节约人力、物力、财力，避免重复研究，又可以使我国的环境标准与国际标准接轨，有利于进行环境保护的国际交流与合作，特别是环境基础标准和环境方法标准，应逐步采用国际标准。（韩德培主编：《环境保护法教程》，法律出版社，1998 年版，110 页）

　（国際的な環境基準や国外の先進的な環境基準の原則を積極的に採用する。国際的な環境基準や国外の先進的な環境基準を採用すると、人力、物力、財力を節約でき、重複研究を回避できるだけでなく、わが国の環境基準を国際基準と軌を一にすることもでき、環境保護の国際交流と共同作業を進めるのに有利になる。特に環境基礎基準と環境方法基準は、徐々に国際基準を採用しなければならない。）

第六講　市場および政府の役割と法政策

一、政府と市場の連動問題

有償機構の構築

　政府と市場との連動に関して、中国政府が市場メカニズムを有効に活用して環境保護を進めるにあたって最も問題となるのは、エネルギー・資源多消費型の国有企業への実質的な補助となっている価格体系から、市場の需給に基づいたエネルギー・資源の価格体制へと迅速に移行すべきことだと認識されている。(曲格平主編：《环境保护知识读本》,红旗出版社,1999年版,132页参照。)

　つまり、政府の役割として大きいのは、公共投資をより多く環境保護分野に振り向けたり、企業の環境対策投資を誘導したりすることもさることながら、それにも増して環境財・環境資源の有償機構を構築することであり、その結果として有償観念・意識を育てることである。(严法善著：《环境经济学概论》,复旦大学出版社,2003年版,第二章第二节参照)

　　环境保护法必须反映价值规律的要求。商品经济的充分发展，是我国实现经济现代化的必要条件。商品经济活动中的价值规律也是不依人们的意志为转移的客观规律。必须按照价值规律的要求，树立环境资源有价、必须有偿使用的观点，在环境保护法中建立和完善环境资源有偿使用机制

和生态环境恢复的补偿机制，以推动人们积极治理污染，防止资源浪费和受破坏。(韩德培主编：《环境保护法教程》，法律出版社，1998年版，19页)

(環境保護法は必ず価値法則の要求を反映する必要がある。商品経済の充分な発展は、わが国が経済の現代化を実現する必要条件である。商品経済活動の中の価値法則も、人々の意志に依らずに推移する客観法則である。必ず価値法則の要求に従って、環境資源は有償であり、有償使用する必要があるという観点を構築しなければならず、環境保護法の中に環境資源を有償で使用するメカニズムおよび生態環境を回復させる補償メカニズムを構築および十全にし、もって人々が積極的に汚染を防除し、資源浪費と破壊を防止することを推し進める。)

政府の作用と機能

政府对环境保护的作用，主要体现在通过建立法律、经济和行政的政策体系，形成强制的和利益的驱动机制，培育和扩大环境保护产业市场，为企业创造尽可能大的市场空间和公平竞争的市场环境。这样政府既可摆脱直接作为市场主体所产生的沉重负担，又可以充分地发挥社会公众尤其是企业在保护环境方面的作用。(刘国涛主编：《环境与资源保护法学》，中国法制出版社，2004年版，341—342页)

(政府の環境保護に対する作用は、主に法律、経済および行政の政策体系を構築することを通して、強制と利益によって駆動するメカニズムを形成し、環境保護の産業市場を育成拡大し、企業のために極力大きな市場空間と公平に競争する市場環境を創造することに体現されている。こ

のようにすれば、政府は直接に市場の主体として生じる重い負担から逃れられると共に、社会の公衆とりわけ企業に環境分野を保護する作用を充分に発揮させることもできる。)

　　国有企业和国有银行作用的减弱,以及市场和贸易的作用的逐渐增大,并不意味政府的作用在下降。恰恰相反，这表明了角色的转变，政府的功能将转变为提供关键的服务和建立有效的结构。(曹凤中主编：《经济 环境 发展》，中国环境科学出版社，1999年版，32页)
(国有企業と国有銀行の作用の縮減、そして市場と貿易の作用の逐次増大は、決して政府の作用が低下していることを意味していない。逆にそれは役割の変化を表しており、政府の機能は肝心なサービスの提供や有効な機構の構築に変化しているのである。)

二、汚染排出費制度にみる政府と市場の役割関係

汚染者費用負担原則
　　1979年、環境保護法（試行）第六条"谁污染谁治理"。
（環境保護法〈試行〉第六条「汚染した者が防除をする」）

　　1989年、环境保护法第二十四条"产生环境污染和其他公害的单位,必须把环境保护工作纳入计划，建立环境保护责任制；采取有效措施防治在生产建设或其他活动中产生的……环境污染和危害。"

(環境保護法第二十四条「環境汚染およびその他の公害を発生させる事業所は、必ず環境保護業務を計画に組み入れ、環境保護責任制を構築し、有効な施策を採用して生産建設あるいはその他の活動の中で発生する環境汚染および危害を防除しなければならない。」)

1992年のリオ宣言で各国は汚染およびその他の環境被害の責任と被害者への賠償について制度を設けるべきとの提言の中に汚染者費用負担原則から環境コストの内部化促進を規定した。(中国人研究者の認識としては、陈泉生著：《环境法原理》，法律出版社，1997年版，75—76页参照。汚染者費用負担原則と汚染排出費制度の関係については、毛应淮主编：《排污收费概论》，中国环境科学出版社，2004年版，第二章参照)

汚染排出費制度の歴史
1982年、国務院、征收排污费暂行办法（汚染排出費徴収暫行弁法）
1984年、財務部、征收排污费财务管理和会计核算办法（汚染排出費徴収財務管理および会計見積り方法）排汚費の査定計算方法の統一管理
1988年、国務院、污染源治理专项基金有偿使用办法（汚染源防除専門基金有償使用方法）
1989年、環境保護法第二十六条，"排放污染物超过国家或地方规定的污染物排放标准的企业事业单位，依照国家规定缴纳超标准排污费，并负责治理。"

（環境保護法第二十六条、「排出する汚染物質が国あるいは地方が規定する汚染物質排出基準を超過する企業・事業所は、国の規定に従って超過基準汚染排出費を納め、併せて防除の責任を負う。」）

　　その後、大気汚染防除法、水汚染防除法、固体廃棄物汚染環境防除法、環境騒音汚染防除法にも規定。

1990 年、財務部および国家環境保護局、環境保护排污收费预算会计制度（環境保護汚染排出料金予算会計制度）

1996 年、国务院、关于环境保护若干问题的决定、"要按照排污费高于污染治理成本的原则，提高现行排污收费标准，促使排污单位积极治理污染。"

　　（環境保護の若干の問題に関する決定、「汚染排出費が汚染防除のコストを上回るという原則に従って現行の汚染排出の料金基準を引き上げ、汚染排出事業所が積極的に汚染を防除することを促さなければならない。」）

汚染排出費制度の本来的意義

1. 費用徴収によって直接に汚染排出企業の収益と関係づけ、ひいては従業員の福利厚生にも不利な影響が現れることで経営管理の仕方を考えさせ、排出削減を促す。
2. 徴収費用の 80％が企業に戻されることで新しい処理設備の導入や総合利用への工程改変などに充てることができ、汚染処理への積極性

を促す。従って、技術革新も促す。
3．徴収費用の20％は各級政府の特定財源となり、環境保護部門がモニタリング機器設備を備えたりモニタリング業務の経費不足を補ったり、科研支出や宣伝教育や技術トレーニング等の財源に充てることができ、地方環境行政の業務能力を高めることができる。

（原毅軍主編：《环境经济学》，机械工业出版社，2005年版，第五章参照）

汚染排出費支払いの企業財源
(1) 通常は生産コストから支払う。
(2)国有企業および集団所有企業では所得税納入後の利潤から支払う。

（毛応淮主編：《排污收费概论》，中国环境科学出版社，2004年版，第九章参照）

汚染排出費制度の問題点
　汚染対策費と比べると相当低く、汚染垂れ流しの免罪符となり削減インセンティブはない。課金の仕方が長年、最も排出する物質のみに限定されていた。ようやく2004年から3種類。末端行政レベルの環境部門がしっかり観測測定できる設備と人員を完備していない。工場からの排出物質と排出量の届出に従って恣意的に課金料金を決定している。過少申告あり。県レベルの汚染排出費の徴収率は滞納や不払いによってきわめてわるく半分も徴収できてない。
　最大の問題点は制度設計・制度構築の矛盾。中国の環境立法は先進国公害史を反面教師として、"预防为主、防治结合、综合治理"（予防を主

とし、予防と治療を結合し、総合的に防除する）原則・施策を主要環境法規の中に導入した。しかし、汚染排出費制度では汚染超過排出事業所が基準超過汚染排出費を支払った後も排出基準を達成しない場合、3年目から超過汚染排出費の増額が規定されているほか、基準達成の義務を負う旨規定されている。ここで、汚染超過排出が現段階では超過汚染排出費を支払い基準達成の義務を負うという前提の下に合法的な汚染の排出だとされており、"预防为主、防治结合、综合治理"の原則・施策に真っ向から反する。（陈泉生著：《环境法原理》, 法律出版社, 1997年版, 73页参照）

　汚染排出費が低く抑えられてきた理由は、国有企業の場合、政府が生産計画を立て設備投資も原材料も汚染対策もすべて生産コストに算入するので、製品価格の上昇を避けるためと、汚染原因者である政府自らが汚染排出費を支払わなければならないためであった。やがて企業から徴収した汚染排出費の80％を企業に融資し、環境対策の設備投資を促進すべく政府が企業に介入する余地を政策金融機能を通して残そうとした。しかし、企業の環境対策投資は汚染排出費の融資制度だけでは甚だ不充分であり、内部保留利潤を使っても投資資金の回収が困難で採算が合わない。従って、経済改革によって利潤追求が奨励される国有企業を含む中国の多くの企業では、汚染排出費制度に付随する政策金融はうまく機能していない。

　汚染排出費制度に付随する政策金融から企業が必要な環境対策投資を賄おうとすると、汚染排出費の徴収金額を引き上げ、企業に還流する融資の絶対額を格段に増やさなければならない。しかし、企業からの徴収

金額を引き上げると、企業の経営が立ち行かなくなるだけでなく、汚染排出費は生産コストに算入できるため、製品価格を上昇させ、インフレを促進して経済も立ち行かなくなる。

（原毅军主编：《环境经济学》，机械工业出版社，2005年版，第五章参照）

水汚染防除法規定の特例

水污染防治法第十五条，"向陆地水体排放污染物的企业事业单位，按照国家规定缴纳排污费；超过国家或者地方规定的污染物排放标准的，按照国家规定缴纳超标准排污费，并负责治理。"

（水汚染防除法第十五条、「陸地水域へ汚染物質を排出する企業・事業体は、国の規定に従って汚染排出費を納める。国あるいは地方が規定する汚染物質排出基準を超過する企業・事業所は、国の規定に従って超過基準汚染排出費を納め、併せて防除の責任を負う。」）

（改定后）第十五条，"企业事业单位向水体排放污染物的，按照国家规定缴纳排污费；超过国家或者地方规定的污染物排放标准的，按照国家规定缴纳超标准排污费。排污费和超标准排污费必须用于污染的防治，不得挪作他用。超标准排污的企业事业单位必须制定规划，进行治理，并将治理规划报所在地的县级以上人民政府环境保护部门备案。"

（改定後の第十五条、「企業・事業体が水域へ汚染物質を排出する場合、国の規定に従って汚染排出費を納める。国あるいは地方が規定する汚染物質排出基準を超過する企業・事業所は、国の規定に従って超過基

準汚染排出費を納める。汚染排出費と超過基準汚染排出費は必ず汚染の防除に使わなければならず、他に流用してはならない。基準を超過して汚染を排出する企業・事業体は必ず計画を策定し、防除を進め、併せて防除計画を所在地の県レベル以上の人民政府の環境保護部門へ報告し登録しなければならない。」)

　水汚染防除法だけが、地表水域へ汚水を排水する場合と排出基準を超えて汚水を排水する場合の、両ケースで費用を納める規定になっている。但し、"対向陸地水体超標准排放汚染物者，征収汚水超標排汚費，而不再重復計征汚水排汚費。"(《我国汚水排汚費政策出台》, 国家環境保護総局のHP：www.zhb.gov.cn/ 参照)（陸地水域へ基準を超えて汚染物質を排出する者に対しては、汚水の超過基準汚染排出費を徴収するが、汚水の汚染排出費を重複して徴収しない）というように、重複徴収はない。

　それに対して、"在排汚収費上，要逐歩将現有的超標排汚収費制度改革為排汚即応収費、超標排汚加重収費并予以処罰的制度。"(陈泉生：《环境法原理》, 法律出版社, 1997年版, 133頁) という意見がある。
（汚染排出費を徴収する上で、現行の基準超過汚染排出費徴収制度から次第に、汚染を排出すれば徴収すべきで、基準超過汚染排出は加重徴収し併せて処罰する制度に改革する必要がある。）

大気汚染防除法の改正

大気汚染防除法は改正され、2016年1月1日から施行された。PM2.5による大気汚染の深刻化を念頭に、第18条に大気汚染物質の排出総量規制が全国を対象に実施されるとあり、第19条で企業が汚染物質の排出許可証を取得しなければならないのを全国に拡大すると規定されている。また、第21条では排出権取引制度の導入が規定された。

その他、大気汚染の環境基準、排出基準および期限内改善計画を策定するにあたっては、業界や住民などの意見聴取と情報公開を行なう規定の一章が設けられた。さらに、前年の環境保護法の改正法を踏まえて罰金・罰則が大幅に強化された。大気汚染損害評価制度も新設され、汚染排出企業に対して旧法規定の立入検査だけでなく、自動モニタリングなどの実施が規定された。

三、裏付けとなる具体的な法規の内容

排污費征収使用管理条例　　污染排出費徴収使用管理条例

　　　　　　　　　　　　　　　　　　　　　　　　2003年7月施行

第六条　排污者応当按照国务院环境保护行政主管部门的规定，向县级以上地方人民政府环境保护行政主管部门申报排放污染物的种类、数量，并提供有关资料。

　（汚染排出者は国務院の環境保護行政主管部門の規定に従い、県レベル以上の地方人民政府の環境保護行政主管部門へ排出する汚染物質の

種類、数量を申告し、併せて関連資料を提出しなければならない。）

第七条　县级以上地方人民政府环境保护行政主管部门，应当按照国务院环境保护行政主管部门规定的核定权限对排污者排放污染物的种类、数量进行核定。

（県レベル以上の地方人民政府の環境保護行政主管部門は、国務院の環境保護行政主管部門が規定する査定権限に従って汚染排出者が排出する汚染物質の種類、数量に対して査定を行わなければならない。）

第九条　负责污染物排放核定工作的环境保护行政主管部门在核定污染物排放种类、数量时，具备监测条件的，按照国务院环境保护行政主管部门规定的监测方法进行核定；不具备监测条件的，按照国务院环境保护行政主管部门规定的物料衡算方法进行核定。

（汚染物質の排出査定業務に責任を負っている環境保護行政主管部門は、汚染物質の排出種類、数量を査定する際に、測定条件を備えている場合は、国務院の環境保護行政主管部門が規定する測定方法に従って査定を行う。測定条件を備えていない場合は、国務院の環境保護行政主管部門が規定する資材評定計算方法に従って査定を行う。）

第十一条　国务院价格主管部门、财政部门、环境保护行政主管部门和经济贸易主管部门，根据污染治理产业化发展的需要、污染防治的要求和经济、技术条件以及排污者的承受能力，制定国家排污费征收标准。

国家排污费征收标准中未作规定的，省、自治区、直辖市人民政府可以制定地方排污费征收标准，并报国务院价格主管部门、财政部门、环境保护行政主管部门和经济贸易主管部门备案。

（国務院の価格主管部門、財政部門、環境保護行政主管部門および経済貿易主管部門は、汚染防除産業化発展のニーズ、汚染防除の要求と経済技術的条件および汚染排出者の負担能力に基づき、国家汚染排出費徴収規準を制定する。

国家汚染排出費徴収規準の中の規定していないものは、省、自治区、直轄市の人民政府が地方汚染排出費徴収規準を制定することができ、併せて国務院の価格主管部門、財政部門、環境保護行政主管部門および経済貿易主管部門へ報告し登録する。）

第十二条　排污者应当按照下列规定缴纳排污费：

（汚染排出者は下記列挙の規定に従って汚染排出費を納めなければならない。）

（一）依照大气污染防治法、海洋环境保护法的规定，向大气、海洋排放污染物的，按照排放污染物的种类、数量缴纳排污费。

（大気汚染防除法、海洋環境保護法の規定に基づき、大気、海洋へ汚染物質を排出する者は、排出する汚染物質の種類、数量に応じて汚染排出費を納める。）

（二）依照水污染防治法的规定，向水体排放污染物的，按照排放污染物的种类、数量缴纳排污费；向水体排放污染物超过国家或者地方

规定的排放标准的，按照排放污染物的种类、数量加倍缴纳排污费。
（水汚染防除法の規定に基づき、水域へ汚染物質を排出する者は、排出する汚染物質の種類、数量に応じて汚染排出費を納める。水域へ排出する汚染物質が国あるいは地方が規定する排出基準を超過する場合、排出する汚染物質の種類、数量に応じて汚染排出費を倍額納める。）

（三）依照固体废物污染环境防治法的规定，没有建设工业固体废物贮存或者处置的设施、场所，或者工业固体废物贮存或者处置的设施、场所不符合环境保护标准的，按照排放污染物的种类、数量缴纳排污费；以填埋方式处置危险废物不符合国家有关规定的，按照排放污染物的种类、数量缴纳危险废物排污费。
（固体廃棄物汚染環境防除法の規定に基づき、工業固体廃棄物の貯蔵あるいは処置施設、場所を建設していないか、工業固体廃棄物の貯蔵あるいは処置施設、場所が環境保護の基準に符合しない場合、排出する汚染物質の種類、数量に応じて汚染排出費を納める。埋め立て方式による危険廃棄物の処置が国の関連規定に符合しない場合、排出する汚染物質の種類、数量に応じて危険廃棄物汚染排出費を納める。）

（四）依照环境噪声污染防治法的规定，产生环境噪声污染超过国家环境噪声标准的，按照排放噪声的超标声级缴纳排污费。
　　　　排污者缴纳排污费，不免除其防治污染、赔偿污染损害的责任和法律、行政法规规定的其他责任。
（環境騒音汚染防除法の規定に基づき、発生させる環境騒音汚染が国家環境騒音基準を超過する場合、排出する騒音の基準超過レベルに応

じて汚染排出費を納める。
　　汚染排出者は汚染排出費を納めても、その汚染防除、汚染損害の賠償責任および法律、行政法規が規定するその他の責任を免れない。）

第十八条　排污费必须纳入财政预算，列入环境保护专项资金进行管理，主要用于下列项目的拨款补助或者贷款贴息：
　　（汚染排出費は必ず財政予算に入れ環境保護専用資金に入れて管理し、主に下記項目の支出補助あるいは借款利息に充てる。）
　　（一）重点污染源防治（重点的な汚染源の防止）；
　　（二）区域性污染防治（地域性汚染の防止）；
　　（三）污染防治新技术、新工艺的开发、示范和应用（汚染防止の新技術・新工程の開発、モデル化および応用）；
　　（四）国务院规定的其他污染防治项目（国務院が規定するその他の汚染防止項目）。

第十九条　县级以上人民政府财政部门、环境保护行政主管部门应当加强对环境保护专项资金使用的管理和监督。
　　按照本条例第十八条的规定使用环境保护专项资金的单位和个人，必须按照批准的用途使用。
　　（県レベル以上の人民政府財政部門および環境保護行政主管部門は環境保護専用資金使用の管理と監督を強化しなければならない。
　　本条例の第十八条の規定に従って環境保護専用資金を使う事業所お

よび個人は、必ず許可された用途に従って使用すること。)

第二十一条　排污者未按照规定缴纳排污费的，由县级以上地方人民政府环境保护行政主管部门依据职权责令限期缴纳；逾期拒不缴纳的，处应缴纳排污费数额1倍以上3倍以下的罚款，并报经有批准权的人民政府批准，责令停产停业整顿。

（汚染排出者が汚染排出費を規定に従って納めない場合は、県レベル以上の地方人民政府の環境保護行政主管部門が職権によって期限までの納入を命令し、納入せず期限切れの場合は納めるべき汚染排出費の額として1倍以上3倍以下の罰金に処し、合わせて批准権のある人民政府の許可を得て、操業停止、事業停止の措置を命じる。)

第二十三条　环境保护专项资金使用者不按照批准的用途使用环境保护专项资金的，由县级以上人民政府环境保护行政主管部门或者财政部门依据职权责令限期改正；逾期不改正的，10年内不得申请使用环境保护专项资金，并处挪用资金数额1倍以上3倍以下的罚款。

（環境保護専用資金の使用者が許可された用途によらずに環境保護専用資金を使用した場合は、県レベル以上の人民政府の環境保護行政主管部門あるいは財政部門が職権で期限を区切って是正を命じ、是正せず期限切れのときは10年間環境保護専用資金の使用を申請できず、併せて流用した資金金額の1倍以上3倍以下の罰金に処する。)

第六講　市場および政府の役割と法政策

排污费征收标准管理办法　　污染排出費徴収基準管理弁法

2003 年 7 月施行

　　根据国务院《排污费征收使用管理条例》(国务院令字第 369 号),特制定《排污费征收标准管理办法》。现予发布,自 2003 年 7 月 1 日起施行。
　　(国務院の「汚染排出費徴収使用管理条例」に基づき、特に「汚染排出費徴収基準管理弁法」を制定し、ここに公布する。2003 年 7 月 1 日から施行する。)

第四条　除《条例》规定的污染物排放种类、数量核定方法外,市(地)级以上环境保护行政主管部门可结合当地实际情况,对餐饮、娱乐等服务行业的小型排污者,采用抽样测算的办法核算排污量,核算办法应当向社会公开,并按本办法规定征收排污费。
　　(条例が規定している汚染物質の排出の種類、数量の査定方法以外は、市(地方)レベル以上の環境保護行政主管部門が現地の実情に合わせて飲食、娯楽等のサービス業種の小型汚染排出者に対してサンプル測定算出方法によって汚染排出量を見積もり、その方法を社会に公開し、併せて本弁法の規定に従って汚染排出費を徴収しなければならない。)

四、汚染排出費制度の具体的な実施

汚染排出費の徴収基準と計算方法
污水排污费征收标准及计算方法　(汚水汚染排出費徴収基準および

計算方法）

（１）污水排污费按排污者排放污染物的种类、数量以污染当量计征，每一污染当量征收标准为 0.7 元。
（汚水汚染排出費は汚染排出者が排出する汚染物質の種類、数量に応じて汚染該当量〈汚染に該当する該当量〉をもって計算徴収し、汚染該当量ごとの徴収基準を 0.7 元とする。）

（２）对每一排放口征收污水排污费的污染物种类数，以污染当量数从多到少的顺序，最多不超过 3 项。其中，超过国家或地方规定的污染物排放标准的，按照排放污染物的种类、数量和本办法规定的收费标准计征污水排污费的收费额加一倍征收超标准排污费。
（排出口ごとに徴収する汚水汚染排出費の汚染物質の種類の数は、汚染該当量数の多いのから少ない順に、多くとも３つを超えない。その中で、国あるいは地方が規定する汚染物質排出基準を超過する場合、排出汚染物質の種類、数量および本弁法が規定する徴収基準に従って計算徴収する汚水汚染排出費徴収額の２倍の超過基準汚染排出費を徴収する。）

（３）水污染物污染当量数计算　（水汚染物質の汚染該当量数の計算）
　　　一般污染物的污染当量数计算　（一般汚染物質の汚染該当量数の計算）

$$\text{某污染物的污染当量数} = \frac{\text{该污染物的排放量(千克)}}{\text{该污染物的污染当量值(千克)}}$$

$$\text{(ある汚染物質の汚染該当量数)} = \frac{\text{(当該汚染物質の排出量 千グラム)}}{\text{(当該汚染物質の汚染該当量値 千グラム)}}$$

※ 一般污染物的污染当量值见表（一般汚染物質の汚染該当量値は〈次頁の〉表を見よ）

（4）排污费计算 （汚染排出費の計算）

①污水排污费收费额 = 0.7元 × 前3项污染物的污染当量数之和

（汚水汚染排出費徴収額 = 0.7元 × 先頭3つの汚染物質の汚染該当量数の和）

②对超过国家或者地方规定排放标准的污染物，应在该种污染物排污费收费额基础上加1倍征收超标准排污费。

（国あるいは地方が規定する排出基準を超過する汚染物質に対しては、当該汚染物質の汚染排出費徴収額をベースにその2倍の超過基準汚染排出費を徴収する。

表：第一类水污染物污染当量值

	污染物	污染当量值（千克）	
1	总汞	0.0005	総水銀
2	总镉	0.005	総カドミウム
3	总铬	0.04	総クロム
4	六价铬	0.02	六価クロム
5	总砷	0.02	総砒素
6	总铅	0.025	総鉛
7	总镍	0.025	総ニッケル
8	苯并（a）芘	0.0000003	3,4-a ベンウピレン
9	总铍	0.01	総ベリリウム
10	总银	0.02	総銀

上海交通大学の童澄教教授が説明する汚染排出費の算出例

（1）我国的用水计量单位是以 1 立方米或 1 吨来计算的，上海的普通家庭用水费用为每立方米 1.4 元，其中排污费为 0.7 元，过去不收排污费的话，每立方米水费为 0.7 元。

（わが国の水使用の計量単位は 1 立方メートルあるいは 1 トンをもって計算し、上海の一般家庭の水使用代は 1 立方メートルにつき 1.4 元〈1 元＝約 15 円〉であり、そのうち汚染排出費は 0.7 元です。以前、汚染排出費を納めなかった場合、水代は 1 立方メートルにつき 0.7 元でした。）

(2)工业用污水的收费计算（工業用汚水の費用徴収計算）

计算分为二个步骤即：

①非超标污水排污费（每立方米）为：0.7元 × 前3项污染物的污染当量数之和。

（計算は２つのステップから成る。

①基準を超過していない汚水の汚染排出費〈１立方メートル〉：0.7元 × 先頭３つの汚染物質の汚染該当量数の和。）

其中：每一种污染物当量数可根据实际测量值除以表中该污染物当量值得到。如果排出的水很清洁，有害物质量很少，污染物当量数有可能很小，前3项污染物的污染当量数之和小于1，此时污水排污费每立方米就可能少于0.7元，反之有可能达到几倍于0.7元的价格。这种方法体现了谁多排放有害物谁就多付钱！

（そのうち：汚染物質の該当量数ごとに実際の測定値に基づき表中の当該汚染物質の該当量値で割れば得られます。もし排出した水がきれいで有害物質の量が少なければ、汚染物質の該当量数は小さいでしょうし、先頭３つの汚染物質の汚染該当量数の和は１よりも小さくなります。このとき、汚水の汚染排出費は１立方メートルにつき0.7元より少なくなるでしょう。そうでなければ〈排出した水が汚れていれば〉、0.7元の何倍もの価格に達するでしょう。こうした〈計算〉方法は有害物質を多く排出した者が支払う費用も多くなることを体現しています！）

②超标污水排污费（每立方米）为：非超标污水排污费 × 2
（②基準を超過している汚水の汚染排出費〈1立方メートル〉：基準を超過していない汚水の汚染排出費 × 2）

例：如果某工厂排出的污水中含有总汞 0.0001（千克／立方米）；总镉 0.0025（千克／立方米）；总铬 0.04（千克／立方米）；六价铬 0.01（千克／立方米）；总砷 0.0002（千克／立方米），其余的有害物含量为零，其污水排污费的金额为：

（例：もし某工場が排出した汚水の中に総水銀 0.0001〈千グラム／立方メートル〉、総カドミウム 0.0025〈同前〉、総クロム 0.04〈同前〉、六価クロム 0.01〈同前〉、総砒素 0.0002〈同前〉が含まれ、その他の有害物質の含有量はゼロだとすると、その汚水の汚染排出費の金額は：）

计算污染物当量数：
（汚染物質の該当量数を計算する）
　　总汞当量数为 0.20；总镉的当量数为 0.50；总铬的当量数为 1.0；六价铬的当量数为 0.50；总砷的当量数为 0.01，其余成份的当量数为零。取前 3 项之和的话，则为 1.0 + 0.50 + 0.50 等于 2.0
（総水銀の該当量数は 0.20、総カドミウムの該当量数は 0.50、総クロムの該当量数は 1.0、六価クロムの該当量数は 0.50、総砒素の該当量数は 0.01、その他の成分の該当量数はゼロ。先頭 3 つ〈の汚染物質の汚染該

当量数〉の和、すなわち 1.0 + 0.50 + 0.50 イコール 2.0 です。)

　　污水排污费为 0.7 元 × 2.0 = 1.4 元（每立方米）
　　（污水の汚染排出費は 0.7 元 × 2.0 = 1.4 元〈1 立方メートル当り〉）
　　如果假设此污水排放已超过国家或地方标准则每立方米污水应收取 2.8 元。
　　（もし当污水の排出が国あるいは地方の基準を超過していれば、汚水 1 立方メートル当り 2.8 元徴収されることになります。)
　　（計算方法については、毛应准主编:《排污收费概论》、中国环境科学出版社、2004 年版、第六、七章参照。《排污费征收使用与稽查管理实务全书》、科学技术文献出版社、2003 年版の第一编も参照。なお、童澄教授の専門は内燃機関・動力機械工学で、筆者の国際共同研究者である。)

環境保護税法の施行

　　2018 年 1 月 1 日から環境保護税法が施行される。汚染排出費制度の汚染物質排出費を納付していた者が環境保護税の納税者となる。環境保護税の税目は汚染物質排出費の徴収項目と基本的に変わらない。税額基準や算定根拠も汚染物質排出費の徴収基準や算定方法と変わらない。

　　環境保護税法では、事業所による汚染物質の排出の程度によっては課税基準に差を付け、減免される特例規定が存在する。また、地方政府は各地域の実情に応じて課税する汚染物質数を増やすこともできるが、逆に各地域の環境許容能力、汚染物質排出の現状、経済社会の目標などを

総合的に判断して適用税額の減額調整を申し出ることもできる。

中华人民共和国环境保护税法　　中華人民共和国環境保護税法

2018 年 1 月施行予定

第五条　依法设立的城乡污水集中处理、生活垃圾集中处理场所超过国家和地方规定的排放标准向环境排放应税污染物的，应当缴纳环境保护税。

　　　　企业事业单位和其他生产经营者贮存或者处置固体废物不符合国家和地方环境保护标准的，应当缴纳环境保护税。

（法に基づき設置された都市および農村の汚水集中処理場、生活ごみ集中処理場が国および地方が規定する排出基準を超えて環境に課税汚染物質を排出する場合、環境保護税を納めなければならない。

　企業・事業所およびその他の生産経営者は貯蔵または処理した固体廃棄物が国および地方の環境保護基準に符合しない場合、環境保護税を納めなければならない。）

第六条　环境保护税的税目、税额，依照本法所附《环境保护税税目税额表》执行。

　　　　应税大气污染物和水污染物的具体适用税额的确定和调整，由省、自治区、直辖市人民政府统筹考虑本地区环境承载能力、污染物排放现状和经济社会生态发展目标要求，在本法所附《环境保护税税目税额表》规定的税额幅度内提出，报同级人民代表大会常务委员会决定，并报全国人民代表大会常务委员会和国务院备案。

（環境保護税の税目、税額は、本法添付の「環境保護税税目税額表」によって実施する。

　　課税する大気汚染物質および水質汚染物質の具体的に適用する税額の確定および調整は、省、自治区、直轄市人民政府が当地区の環境許容能力、汚染物質排出の現状および経済社会の生態的な発展目標の要求を総合的に計画思案し、本法添付の「環境保護税税目税額表」に規定する税額の範囲内で申し出て、同レベルの人民代表大会常務委員会での決定を申し込み、全国人民代表大会常務委員会および国務院への登録を申し込む。）

第九条　每一排放口或者没有排放口的应税大气污染物，按照污染当量数从大到小排序，对前三项污染物征收环境保护税。

　　省、自治区、直辖市人民政府根据本地区污染物减排的特殊需要，可以增加同一排放口征收环境保护税的应税污染物项目数，报同级人民代表大会常务委员会决定，并报全国人民代表大会常务委员会和国务院备案。

　（排出口ごと、または排出口がない大気汚染物質は、汚染当量数を大から小へ順番に並べることによって、先頭の３つの汚染物質に対して環境保護税を徴収する。

　　省、自治区、直轄市人民政府は当地区の汚染物質排出削減の特殊ニーズに基づき、同一排出口の環境保護税を徴収する課税汚染物質の項目数を増やすことができ、同レベルの人民代表大会常務委員会での決

定を申し込み、全国人民代表大会常務委員会および国務院への登録を申し込む。）

第十三条　納税人排放応税大気汚染物或者水汚染物的濃度値低于国家和地方規定的汚染物排放標准百分之三十的，減按百分之七十五征収環境保護税。納税人排放応税大気汚染物或者水汚染物的濃度値低于国家和地方規定的汚染物排放標准百分之五十的，減按百分之五十征収環境保護税。
　（納税者が排出する課税大気汚染物質または課税水質汚染物質の濃度値が国および地方が規定する汚染物質の排出基準より 30％ 低ければ、環境保護税を 75％ に減らして徴収する〈25% 減免〉。納税者が排出する課税大気汚染物質または課税水質汚染物質の濃度値が国および地方が規定する汚染物質の排出基準より 50％ 低ければ、環境保護税を 50％ に減らして徴収する〈50% 減免〉。）

第二十七条　自本法施行之日起，依照本法規定征収環境保護税，不再征収排汚費。
　（本法施行の日より本法の規定に従って環境保護税を徴収し、汚染排出費は徴収しない。）

第二十八条　本法自 2018 年 1 月 1 日起施行。
　（本法は 2018 年 1 月 1 日より施行する。）

―政策原理コラム―

ＣＳＲは企業の成り立ちから考えよ

　最近、企業が自主的に環境負荷を減らす取り組みをするようになったと報道されることがある。企業という存在は、人々の生活を豊かにすると共に、環境も守る製品を社会に提供することで幸福な社会を目指すのでなければならない。それがCSR（企業の社会的責任）という事であり、そうした責任を果たそうとする自覚が企業に芽生えてきたと考えられているのである。

　こうした考え方は企業の成り立ちを本当には理解していないように思われる。近年、日本企業は国内では規制されていない有害物質などに対しても自主規制に動き出しているので、それが自ら進んで行っている取り組みのように見える。しかし、実はそうした動きは取引があるＥＵ（ヨーロッパ連合）の規制に従っているのであって、規制を守らないと取引ができなくなる懸念があるためだ。それは、ひと頃よく報道された、企業がコンプライアンス（法令遵守）に違反して不祥事を起こした場合の、倒産など企業の存立が取り沙汰されたりするのと、本質的にはなんら変わりのない懸念に企業が駆り立てられているのだと言ってもよい。

　また、企業としては環境対応も生産を伸ばすのと同様に普段から着々とやっておかないと、自分だけが遅れてしまって競争に追い付かなくなるという心配も持っている。したがって、企業の自主的な環境対応も、結局は競争に負けないようにしているだけのサバイバル作戦に過ぎないのだとも言えよう。

　CSRとは、ボランタリーなフィランソロフィー（Philanthropy 無償貢献、慈善事業）と違って収益目的と両立させようとする社会貢献であり、社会的責任を果たすことで企業価値の向上に結び付く直接のリターンが意識されている。逆に、社会的責任を果たせない場合に集客力の減少などリスク要因となるため、企業の間では先陣争いのように「環境対応＝経営革新」という図式が固まってきたのである。

　企業が自分たちから社会に豊かさ・富をもたらそうとするわけではない。あくまでも自分たちの豊かさ・富を目指した結果、社会に豊かさ・富が満ちるのである。

第七講　有害化学物質の管理・移動規制と法政策

一、有害化学物質の本格規制の開始

　中国の有害化学物質政策は、今世紀に入って本格化する。2001年に残留性有機汚染物質（POPs）に関するストックホルム条約 Stockholm Convention on Persistent Organic Pollutants を批准する。この年スタートの国家環境保護十五計画および国家環境科学技術発展十五計画において、大気や水域などあらゆる領域で有害化学物質による環境汚染は深刻であって、すでに国民の健康を蝕んでおり、未だ有効に制御されていないと表明。

　そこで、重点的な汚染物質の環境中での安全評価を進める政策決定体制の研究、環境に残留する有機汚染物質（POPs）の規制方法の研究を急ぐ方針を打ち出した。

　2003年はSARS流行がきっかけで医療廃棄物管理条例の制定が推進され、医療廃棄物の管理・処理が促進された。

　この年は有害化学物質規制が実地化された画期的な年で、清潔生産促進法、環境影響評価法、汚染排出費徴収使用管理条例があいついで施行または改正された。清潔生産とは、工業企業が全生産工程において汚染を抑制しクリーン生産を推進する、いわゆるクリーンプロダクトである。

また、環境影響評価が初めて単純な建設項目から各種の経済プロジェクトに適用され、汚染排出費徴収に関しては単一の物質から複数物質の総量を基準とした費用徴収に改定され、経済手法による汚染物質の排出総量の抑制が一歩前進した。

　その他に重要なのは、2003年10月施行の新化学物質環境管理弁法である。以上の立法および改正によって、以前からの大気汚染防除法や水汚染防除法、2002年11月に施行された危険化学品登録管理弁法が補強される形となっている。
　さらに、廃棄物が再生資源として国際移動することを有効に制御すれば、日中間に東アジア循環型経済社会圏が形成される可能性が出てきたことから、2004年7月に危険廃棄物経営許可証管理弁法が施行され、2005年に入って4月に新たな固体廃棄物汚染環境防除法が施行され、注目される。

　2006年7月から欧州連合（EU）で有害化学物質の規制「RoHS（ローズ）規制 Restriction of the use of certain Hazardous Substances in electrical and electronic equipment」がスタートした。それ以降に発売された電気・電子製品への水銀、鉛、六価クロム、カドミウムおよび臭素系の難燃剤2種類（ポリ臭化ビフェニール PBB、ポリ臭化ディフェニルエーテル PBDE）の計6物質の使用を禁止した。家電製品や情報機器、その部品メーカーは遵守しないと製品をEU市場に輸出できないこ

とになった。

　中国でも中国版 RoHS 規制「電子情報製品汚染防除管理弁法」を、ＥＵと同時に 2007 年 3 月に施行した。ＥＵと同様に 6 物質の電子情報製品への使用を禁止した。管理方法は、政府が規定する重点管理リストに収載した電子情報製品を対象にして強制認証制を実施し、認証を取得しないと中国国内では販売できない。

　ＥＵでは被害を未然に防ぐため有害な物質を洗い出すさらに厳しい化学物質規制「REACH（リーチ）規制 Registration, Evaluation, and Authorization of Chemicals」を実施している。既存化学物質に関して新規の開発物質と同様の取り扱いをする包括的な化学物質の規制措置で、企業が自ら使用する化学物質の安全性を確認・証明できなければ、製品への使用を禁止する。

（１）規制対象が新規の化学物質に限らず、市場に出回っているか、製品中の化学物質も登録を義務づけ、EU 域内の約 3 万～ 10 万種類の既存化学物質が評価・登録の対象になる。

（２）化学物質の人への毒性評価や環境影響評価は政府が行なうのではなく、企業が化学物質の安全性に関する立証責任を負う。ＥＵ市場に輸出する域外メーカーも例外ではない。

　日本では化学物質審査規制法（化審法）などにより国が化学物質の審査および評価をしているように、まだどこの国でも政府の負責事項となっている。その手間が政府から外れるにもかかわらず（小さな政府であ

りながら）、政府から企業に義務づけ、セキュリティは確保する。

　EU環境政策の柱「先制的予防原則 Precautionary Principle　危険性に関する科学的証拠が充分でなくても、潜在的に危険の余地があれば迅速に規制の対策を講じ、疑念が解けるまで続ける視点」は、中国にも急速に及んできている。ローズ規制やリーチ規制は人間の健康と生態系の維持を最優先にする「先制的予防原則」の他に、グリーン調達を徹底することによって企業に代替品の開発を促し、経済発展にも貢献があると期待されることも中国としては注目したいところである。

　2011年1月1日に施行された廃棄電器電子製品回収処理管理条例は、急増する廃棄家電への対応が急がれる中、廃棄家電のリサイクル・再資源化の促進を目的として、5～6年の検討期間を経て廃棄される電器電子製品の回収と処理の責任および財源負担の主体を明確にした。
　廃棄電器電子製品の処理を担う業者には資格取得が義務づけられる認可制がとられ、回収に関しては廃棄電器電子製品の生産者と輸入電器電子産品の荷受人がその任に当たることが奨励されている。また、廃棄電器電子製品の生産者や輸入電器電子産品の荷受人などに廃棄電器電子製品の処理基金の納付義務が課されたことで廃棄家電のリサイクル・再資源化に不足しがちな資金の調達先の解決に工夫がみられる。しかし、メーカーや輸入業者のコストプッシュ・収益圧迫要因となり、この仕組みが回っていくかどうか、処理基金の徴収基準がどの程度で定着するか、今後の動向が注目される。

2016 年 7 月、中国版 RoHS 規制は「電器電子製品有害物質制限使用管理弁法」として改正され、対象製品の拡大と管理方法の強化が図られた。改正法では冷蔵庫や洗濯機など家電製品も含めることとし、EU との規制範囲の差を埋めようとした。使用制限を受ける有害物質も PBB と PBDE 以外は、水銀、鉛、六価クロム、カドミウムそれぞれの化合物にも制限の対象が拡大された。また、改正法の管理方法は、強制認証制を廃止し、重点管理リストに代わって基準到達管理リストによって製品の品目ごとに規制物質およびその規制基準を規定する合格評価制を採用した。

有害化学物質の規定
　　有毒有害物质是指在生产或日常生活中使用的，在一定的条件下会污染环境，使人和动物中毒、患病或者死亡的物质。这类物质通常作为生产原料、生产成品或人们日常生活的必须品而存在，而不是被废弃的物质。这类物质只有在管理不善、使用不当时才会造成环境污染。（刘国涛主编：《环境与资源保护法学》，中国法制出版社，2004 年版，230 页）
　　早期法律规定：1987 化学危险物品安全管理条例，1994 化学品首次进口及有毒化学品进出口环境管理规定，1998 中国禁止或严格限制的有毒化学品目录（第一批）。（同 234 页参照）
（有毒有害物質とは生産あるいは日常生活の中で使用し、一定の条件の下で環境を汚染し、人と動物に中毒を起こし、罹患あるいは死亡させる物質を指す。こうした物質は通常、生産原料、生産された製品、人々の

日常生活の必需品として存在し、決して廃棄される物質ではない。こうした物質はただ管理が良くなかったり、不当に使用した場合にのみ初めて環境汚染を引き起こすのである。

　早期の法律規定：1987 化学危険物品安全管理条例、1994 化学品初回輸入および有毒化学品輸出入環境管理規定、1998 中国が禁止あるいは厳格に制限する有毒化学品目録〈第一次〉。）

危険廃棄物汚染防除政策
- 　危険廃棄物とは、カドミウム、水銀、鉛、六価クロム、PCBs などを含有する廃棄物である。
- 　対処基本法規は、主に固体廃棄物汚染環境防除法および関連規定（危険廃棄物貯蔵汚染制御基準、危険廃棄物焼却汚染制御基準、危険廃棄物埋め立て汚染制御基準）に基づく。
- 　2005 年には重点区域および重点都市で生じる危険廃棄物は適切に貯蔵し、条件があれば安全な処置を実現する。また、医療廃棄物の無毒化処理を実現する。全国の危険廃棄物の総量を 2000 年末の水準に抑える。全国で危険廃棄物の申請登録制度を実施し、伝票添付および許可証制度を実施する。2010 年には重点区域および重点都市の危険廃棄物は基本的に環境無毒化処理を実現する。2015 年にはすべての都市の危険廃棄物は基本的に環境無毒化処理を実現する。危険廃棄物汚染防除技術政策の原則は、危険廃棄物の減量化、資源化、無毒化である。

- 各レベルの政府はインセンティブを持つ経済政策を導入するなどの措置を通して環境保護に見合った危険廃棄物の収拾、貯蔵、処理するシステムを急いで築き、積極的に危険廃棄物の汚染防除を推進すべきだ。また、専門の基金や補助金などを設けて企業がすでに発生させてしまった危険廃棄物を回収利用するようにインセンティブを与え、危険廃棄物の資源化を実現する。
- 危険廃棄物の越境移動はバーゼル条約を遵守し、危険廃棄物の国内移動は危険廃棄物移動伝票管理弁法および関連規定を遵守する。すでに生じた危険廃棄物を直ちに回収利用あるいは処理できない場合は、同事業所で専門の貯蔵施設を設置するか、専門の貯蔵施設を備える事業所に委託貯蔵しなければならず、危険廃棄物を貯蔵する事業所は許可証が必要であり、許可証を持たない事業所に移転してはならない。
- 危険廃棄物の焼却はその減量化と無毒化を実現でき、しかも余熱を回収利用できる。焼却処置は回収利用に適さない有用部分であり、燃料として使える危険廃棄物に適用する。
- 未処理の危険廃棄物が生活ごみ埋立て場に混入してはならず、危険廃棄物の最終処理手段を施し、安全に埋め立てる。危険廃棄物の安全埋立て場は営業許可証の規定範囲内の危険廃棄物しか受け容れない。
- PCBs含有廃棄物は迅速に専用の焼却施設で集中的に処置すべきで、他の処置方法は採用すべきでない。新たに使用を終えたPCBs含有の電力装置は焼却処置を原則とする。困難な場合は一時的に密封貯蔵してもよいが、3年を年限とする。その際、PCBs含有廃棄物の暫

定集中密封貯蔵庫設計規範に従い、集中密封貯蔵庫の建設には環境影響評価を行なう必要がある。また、PCBs 含有廃棄物の管理、貯蔵および処置は「PCBs 含有の電力装置およびその廃棄物による環境汚染防除規定」を遵守しなければならない。

(国家環境保护总局 HP：http://www.zhb.gov.cn/ 参照)

有害物質政策の問題点
全过程管理

对化学品的管理范围，如《危险化学品安全管理条例》规定：在中华人民共和国境内生产、经营、储存、运输、使用危险化学品或者处置废弃危险化学品，必须遵守本条例和国家有关安全生产的法律、其他行政法规；《化学工业毒物登记管理办法》的管理范围是化学工业中生产使用有毒化学品的企业、事业单位。并未涉及化学原料的提供单位，说明我国对化学品生产前／进口前"源头"控制方面存在严重的缺陷。可能的原因是化学品的生产具有延续性，某一企业的产品可能是另一企业的生产原料，因而把生产单位作为化学品管理的源头。实际上原料的提供不仅包括国内企业还包括国外企业，同时化工原料对于任何企业都具有重要影响，直接影响其生产成本、工艺管理、产品质量。就从生产的环节上来讲，原料是化学生产的开端，如果不对其进行控制，就可能陷于末端治理的老套路；同时也不能满足对化学品清洁生产的要求；尤其化学品原料本身可能是污染源，具有危害能力。

鉴于以上实际，为保证对化学品的全过程控制，必须把原料的提供及

化学品废弃物处置纳入风险预防之中。（黄政：《化学品环境风险管理》，中国环境法网 2003-6-4，武汉大学环境法研究所）

（全過程管理

　化学品に対する管理範囲は、「危険化学品安全管理条例」の規定のごとく、中華人民共和国領内で危険化学品を生産、経営、貯蔵、輸送、使用するか、あるいは危険化学品を廃棄処理する場合、必ず本条例および国の安全生産に関する法律、その他の行政法規を遵守しなければならない。「化学工業毒物登録管理弁法」の管理範囲は、化学工業の中で有毒化学品を生産および使用する企業、事業所である。ただ化学原料の供給事業所に言及していないのは、わが国では化学品の生産前・輸入前の「根源」規制の領域で重大な欠陥が存在していることを物語っている。考えられる原因は、化学品の生産には継続性があり、ある企業の製品が別のある企業の生産原料であるため生産事業所を化学品管理の根源としたのだろう。実際には原料の供給は国内の企業が含まれるだけでなく国外の企業も含まれると同時に、化学工業の原料はいかなる企業に対しても重要な影響があり、その生産コスト、工程管理、製品の品質に直接影響する。そこで、生産の段取りから言えば、原料は化学生産の発端であり、もしそこに規制を行わないなら末端防除という従来の道に陥ることになろう。同時に、化学品クリーンプロダクトの要求を満たすこともできない。とりわけ化学品原料そのものが汚染源であり、加害能力を持っているのだろう。

　以上のような現実にかんがみ、化学品の全過程に対する規制を保証す

るためには、必ず原料の供給および化学品の廃棄物処理をリスク予防の中に組み入れる必要がある。）

有害物質対策法の国際比較

　有害物質対策法として EU では WEEE 規制、RoHS および REACH、アメリカでは毒性物質規制法 Toxic Substance Control Act（TSCA）、日本では化審法などが該当する。

　2005 年 8 月から実施されている WEEE（Waste Electrical and Electronic Equipment）規制は、電気電子機器が廃棄物になった段階の回収およびリサイクルまでメーカーが責任を負う拡大生産者責任（Extended Producer Responsibility）制度に基づいており、事実上リサイクルしやすい製品設計を促す規制であって禁止制度ではない。

　RoHS は本講の冒頭で触れたように、特定の有害物質に対する使用禁止制度である。規制対象となる製品は WEEE 規制と同様、電気電子機器。除外規定には、製品として電球、家庭用照明器具および医療機器が、物質としては蛍光灯中の水銀やガラス含有の鉛が入っている。

　REACH は先制的予防原則の適用を徹底し、有害な物質を発見して禁止にする有害化学物質の評価、登録および認可に関する制度である。要点は次のとおり。

- 評価の結果、疑わしい物質はひとまず禁止する。
- 企業自身が自ら取り扱う物質のリスクを評価し、判明したリスクに対応する。

- 企業は取り扱う物質の生産量、人と環境に対する暴露の可能性を登録する。
- 発癌性や突然変異誘発性、難分解性や生体蓄積性の物質は認可制とする。
- 生殖毒性が疑われる物質、いわゆる環境ホルモンも認可制とする。
- 暴露リスクが低いと評価できた物質は登録を免除する。

日本の化学物質総合管理政策
「生態毒性物質」に関する取組の強化について
　個別の生物種に有害性を示す「生態毒性物質」と生態系への影響との因果関係は必ずしも明らかになっていないため、生物種や生物量の変化、化学物質の環境中濃度等のモニタリングを行い、因果関係に関する科学的知見の充実に取り組むことが必要。一方、科学的な解明が行われるまでの間も、当面、生態毒性物質について、生態系への影響の未然防止に資するよう、国際的な動向にも留意しつつ、事業者の自主管理を促す枠組整備を進め、適切な評価及び管理を行うことが必要。
　新規化学物質の届出および試験
　年間の国内製造・輸入数量が１トン以下の少量新規化学物質については、申出の対象とし、毎年確認を行うことで製造・輸入を可能としている。事業者に試験が義務づけられるのは、新規製造の場合に限られる。すなわち、法制定以前に既に製造されていた物質の安全性のチェックは、

国の事業措置で実施される。
（厚生科学審議会資料3：http://www.mhlw.go.jp/shingi/2002/10/s1024-5c.html 参照）

日本の化学物質審査規制法（化学物質の審査及び製造等の規制に関する法律）
　2004年4月にその改正法が施行された。具体的な改正内容は以下のとおりである。
（1）第一に、従来、人の健康被害防止の観点から化学物質の審査・規制を行ってきたが、今後は環境中の動植物への被害防止の観点からも審査・規制を行うこととする。
（2）第二に、環境中で分解せず、生物の体内に蓄積されやすい化学物質については、毒性が明らかになるまでの間も法的な監視の下に置くこととする。
（3）第三に、化学物質の取り扱いの方法や製造・輸入数量等に着目して、化学物質が環境中に放出される可能性に応じた審査制度を導入し、一層効果的かつ効率的な制度とする。（中間体や少量化合物への負担を軽減　①曝露可能性の低い化学物質は事前審査の対象外とする――中間物、閉鎖系等用途、輸出専用品　②人や動植物への毒性の有無が明らかでない場合であっても、低生産量化学物質は国の審査判定を要しない）
（4）第四に、事業者が入手した化学物質の有害性情報を国に報告することを義務付ける。

（http://www.meti.go.jp/policy/chemical_management/kasinhou/a1/1-3.pdf 参照）

日本の PRTR 制度
Pollutant Release and Transfer Register
（汚染物質の排出移動登録）制度

- 日本では、2001 年 4 月に「特定化学物質の環境への排出量の把握等及び管理の改善に関する法律」（通称、化学物質管理把握促進法）が施行された。
- 有害化学物質の管理は政府の専権事項であり、国民一人ひとりには委ねられていない。度重なる事故によって住民が知る権利に目覚め、1986 年にアメリカで PRTR 制度が始まり、工場などの有害物質の排出量が公表されるようになった。その後、市民が主体的に化学物質の排出と移動を把握できるようになり、その管理・監督に向けて初歩的な一歩を踏み出した。ただし、PRTR 制度にはさまざまな限界がある上、市民は受動的に化学物質の排出と移動を把握し得るだけに過ぎず、化学物質の管理に参加することはできていない。ましてや、自らの生活の中の有害化学物質を減らす権限などは手中にしてはいない。
- 事業者が届け出る排出量や移動量は必ずしも実測に基づいたデータが要求されているわけではなく、正確であるとは言い切れない。また、業種や事業規模により届出を免除される事業所は国が代わって推計することになっているが、間接的な把握には限界があるため、これも正確さを欠く。以上から、化学物質使用量の総量を把握し、結果として

削減していくという化学物質の管理に関する当初の意図は達成が難しい状況である。
（有害化学物質削減ネットワークのHP：http://www.toxwatch.net/ 参照）

二、持続可能な国際循環型経済社会圏の実現

　経済活動がボーダレスに展開されている今日、循環型社会は日本国内だけでは完結しない部分があると考えた方がいい。廃棄物処理・資源化の問題は、例えば北東アジアの地理的範囲等、広域で考える必要があり、特に近隣域内諸国との連携が重要である。
　ここでは、日中間で廃棄物の適正処理・資源循環システムを構築することを事例に、持続可能な国際循環型経済社会圏を形成する可能性について考えてみたい。

廃棄物資源の需給と問題点
　日本国内でリサイクル制度が整備され、廃棄物の回収量が増えており、とくに次のような循環資源となる廃棄物について輸出の余地が拡大している。
（1）産業構造上、日本国内でリサイクルしても使い道がない循環資源
（2）わが国のリサイクル産業がコスト面で優位性を持てない循環資源
　一方、中国では膨大な原材料の需要から、国際的な廃棄物資源の再生工場が多数立地し、リサイクル工業団地の建設以外に、廃棄物資源化産

業の現状は改革開放政策による郷鎮企業の勃興期に類似している。

　日中間の資源循環システムが形成されれば、原則として天然資源の節減と環境汚染の低減に役立つはずである。しかし、分類や再生が難しい廃棄物は投棄され、リサイクルの名の下に汚染がかえって増えているのが現状である。放置すれば、資源節減と汚染低減の効果は上がらない。

　そこで、中国では着々と廃棄物の資源化に関する法制度が整備されている。危険廃棄物経営許可証の管理に関する法律を新設して業者の認定を見直すと共に、金属屑等を輸入できる企業を許可制にし、違反は許可証の取り消しで臨むなど、法制度による規制強化に乗り出している。また、家電リサイクル法制定の検討にも入っていると聞いている。

廃棄物輸出側の課題

　輸出前に適正な輸出の履行を確保すると共に、輸出先でも被害の原因が把握できる仕組みを用意する必要がある。わが国では、従来の廃棄物処理法は無許可で廃棄物を輸出しようとして税関検査で発覚しても輸出を取り下げれば罪を問わなかった。しかし、改正廃棄物処理法では廃棄物を船舶や航空機に積み込む前であっても、無許可が発覚すれば違法輸出と認定され、罰則の対象となる。

　このように、許可なく輸出する廃棄物事業者の取り締まりは強化されたが、輸出国が適正な廃棄物を輸出する管理システムとして、そもそも輸出許可を出せる廃棄物資源の合格基準を精査する必要があるという問題も考えておかなければならない。

また、輸出側が考えておきたい管理システムに、輸出された廃棄物が適正かどうか輸出業者やメーカーまで遡ってCSR（企業の社会的責任）を問えるような現地でのフォローアップ体制を付け加えたい。わが国の廃棄物なら品質基準は国内のと同一であって当然であるため、検査漏れ廃棄物など現地で問題が発覚した場合、廃棄物管理マニフェスト、ICタグ、GPS（Global Positioning System　全地球的測位システム）といった情報技術によって自国企業の責任を追及できる管理システムを整備するのも当然である。

　そもそも廃棄物資源を適正輸出するためには、「拡大生産者責任」の適用による企業自身の管理システムが重要であり、廃棄物輸出で廃棄物からの人体や生態系への被害をなくしていくにも、そこに根源がある。近年、有害物質の管理に止まらず、メーカーによる廃棄物自体をなくしていく「ゼロ・エミッション」の動きが見られる。生産工程の技術革新によって廃棄物をなくしていければ、究極の循環型社会の実現に近づく。

　「ゼロ・エミッション」とは企業にとっては、それが収益寄与につながって初めて実質的に達成できたことになる。コスト要因からコスト削減へ、そして廃棄物削減を収益に結び付けられるようになって、マーケットエコノミーの経済社会としては循環型社会が確立したと言える。とはいっても、廃棄物の完全な根絶というのは無理があり、国際循環システムでの対応も必要となる。

バージン原料調達力と循環システム構築の綱引き

　目下の中国では、旺盛な経済活動によって増え続ける原材料の需要に供給能力が間に合っていない。しかし、中国での素材供給能力は徐々に増大している。近い将来には国外からの廃棄物資源の受け入れが続かなくなる懸念があり、早急に国際的な資源循環システムの確立を進める必要がある。さもなければ、再生できる資源の需要が減少する分、バージン資源の採掘や森林破壊が減少しなくなる。バージン原料の調達力アップのスピードが速いか、国際循環システムの構築のスピードが速いか、また、どちらのコストが安価かをめぐって、すでにレースが始まっている。

　さらに、中国自身も今後とくに電子製品関連の廃棄物が急増する。それが国際資源循環に与える影響はどうか、将来どの程度の廃棄物資源を他国から受け入れられるか、鋭意調査・研究していく必要がある。

日中両国の今後の課題

　このテーマで何を真っ先に進めるのが全体を持ち上げるのに最も効果的かといえば、モデル事業体をできるだけ多く立ち上げることである。廃棄物の適正処理・資源循環システムが完結するためには、関連産業が充実してこないと、いくら法制度の整備を行なっても、その施行運用が困難だということになる。

　例えば、上海電子廃棄物交投センター有限公司のように、先進国並みの適正循環処理で先進的な取り組みをしている事業体の試みを全国の模

範として普及を図るモデル化戦略がよい。中国政府が事業の普及を図る場合の、まず重点・モデル地区を設定する伝統的な方式と類似しており、得意とするところであろう。

次に、循環型社会は国内だけでは完結しないため、日本側から積極的に国内制度について国際間での整合性を図るのがよい。今後、国内のリサイクル制度を改編する際には、国際基準を具体的に入れ、特に近隣諸国の関連法整備や国際循環システムと連携するように心掛ける必要がある。中国と整合性のとれた資源・環境改善システムを構築することは、地球社会に大きな財産を残すことになる。

ただ、日本独自の国内循環圏も併せて形成していく可能性も探る必要がある。廃棄物の輸出は国内のリサイクルシステムに大きな影響を与えることにはならず、棲み分けの余地がある。しかし、前述の懸念もあり、資源循環の相互乗入れ体制を確立すべきである。

(産業構造審議会　環境部会廃棄物・リサイクル小委員会　国際資源循環ワーキング・グループ編『持続可能なアジア循環型経済社会圏の実現へ向けて』、2004 年 10 月参照)

三、裏付けとなる具体的な法規の内容

清洁生产促进法　　清潔生産促進法　　　　　　2003 年 1 月施行

第二条　本法所称清洁生产，是指不断采取改进设计、使用清洁的能源和原料、采用先进的工艺技术与设备、改善管理、综合利用等措施，从源

头削减污染，提高资源利用效率，减少或者避免生产、服务和产品使用过程中污染物的产生和排放，以减轻或者消除对人类健康和环境的危害。

（本法がクリーンプロダクトと称するのは、設計の改良、クリーンな燃料と原料の使用、先進的な工業技術および設備の採用、管理の改善、総合利用等の施策を不断に取り入れ、当初から汚染を削減し、資源利用効率を高め、生産、サービスおよび製品使用中の汚染物質の発生と排出を削減あるいは回避し、もって人類の健康と環境の被害を軽減あるいは除去することを指す。）

第六条　国家鼓励开展有关清洁生产的科学研究、技术开发和国际合作，组织宣传、普及清洁生产知识，推广清洁生产技术。

　　国家鼓励社会团体和公众参与清洁生产的宣传、教育、推广、实施及监督。

（国はクリーンプロダクトに関する科学研究、技術開発および国際協力を展開し、宣伝を組織し、クリーンプロダクトの知識を普及し、クリーンプロダクトの技術を押し広めることを奨励する。

　　国は社会団体と公衆がクリーンプロダクトの宣伝、教育、普及、実施および監督に参加することを奨励する。）

第十条　国务院和省、自治区、直辖市人民政府的经济贸易、环境保护、计划、科学技术、农业等有关行政主管部门，应当组织和支持建立清洁

生产信息系统和技术咨询服务体系,向社会提供有关清洁生产方法和技术、可再生利用的废物供求以及清洁生产政策等方面的信息和服务。

(国務院と省、自治区、直轄市人民政府の経済貿易、環境保護、計画、科学技術、農業等の関係する行政主管部門は、クリーンプロダクトの情報体系および技術諮問サービスシステムの構築を組織および支持し、社会に向かって関係するクリーンプロダクトの方法と技術、再生利用可能な廃棄物の需給およびクリーンプロダクトの政策等の領域の情報とサービスを提供しなければならない。)

第十二条 国家对浪费资源和严重污染环境的落后生产技术、工艺、设备和产品实行限期淘汰制度。国务院经济贸易行政主管部门会同国务院有关行政主管部门制定并发布限期淘汰的生产技术、工艺、设备以及产品的名录。

(国は資源を浪費しひどく環境を汚染する遅れた生産技術、工程、設備および製品に対して期限を決めて淘汰する制度を実行する。国務院経済貿易行政主管部門は国務院の関係行政主管部門と共に期限を決めて淘汰する生産技術、工程、設備および製品の目録を策定し公布する。)

第十七条 省、自治区、直辖市人民政府环境保护行政主管部门,应当加强对清洁生产实施的监督;可以按照促进清洁生产的需要,根据企业污染物的排放情况,在当地主要媒体上定期公布污染物超标排放或者污染物排放总量超过规定限额的污染严重企业的名单,为公众监督企业实施

清洁生产提供依据。

（省、自治区、直轄市人民政府の環境保護行政主管部門はクリーンプロダクト実施の監督を強めなければならない。クリーンプロダクトを促進する必要性に応じ、また企業の汚染物質の排出状況に基づき、現地の主要なメディアにおいて基準を超えて汚染物質を排出しているか、汚染物質の排出総量が規定限度量を超えている汚染がひどい企業の名簿を定期的に公表することができ、公衆が企業のクリーンプロダクト実施を監督するための根拠を提供する。）

第十九条　企业在进行技术改造过程中，应当采取以下清洁生产措施：
（一）采用无毒、无害或者低毒、低害的原料，替代毒性大、危害严重的原料；
（二）采用资源利用率高、污染物产生量少的工艺和设备，替代资源利用率低、污染物产生量多的工艺和设备；
（三）对生产过程中产生的废物、废水和余热等进行综合利用或者循环使用；
（四）采用能够达到国家或者地方规定的污染物排放标准和污染物排放总量控制指标的污染防治技术。

（企業が技術改造を進めている過程で、以下のクリーンプロダクトの施策を採用しなければならない。

　（一）無毒、無害あるいは低毒、低害の原料を採用し、毒性が大きく危害が重大な原料と代替する。

（二）資源利用効率が高く汚染物質の発生量が少ない工程および設備を採用し、資源利用効率が低く汚染物質の発生量が多い工程技術および設備と代替する。

（三）生産過程で発生する廃棄物、廃水および余熱等に対して総合利用あるいは循環使用を進める。

（四）国あるいは地方が規定する汚染物質排出基準および汚染物質排出総量規制指標を達成できる汚染防除技術を採用する。)

第二十条　产品和包装物的设计，应当考虑其在生命周期中对人类健康和环境的影响，优先选择无毒、无害、易于降解或者便于回收利用的方案。

　　企业应当对产品进行合理包装，减少包装材料的过度使用和包装性废物的产生。

（製品や包装物の設計は、それが生命周期において人類の健康と環境に及ぼす影響を考慮し、無毒、無害、分解しやすいか、回収利用しやすい方法を優先的に選択しなければならない。

　　企業は製品の合理的な包装を行い、包装材料の過度の使用と包装類の廃棄物の発生を減らさなければならない。)

第二十七条　生产、销售被列入强制回收目录的产品和包装物的企业，必须在产品报废和包装物使用后对该产品和包装物进行回收。强制回收的产品和包装物的目录和具体回收办法，由国务院经济贸易行政主管部门制定。

国家对列入强制回收目录的产品和包装物，实行有利于回收利用的经济措施；县级以上地方人民政府经济贸易行政主管部门应当定期检查强制回收产品和包装物的实施情况，并及时向社会公布检查结果。具体办法由国务院经济贸易行政主管部门制定。

（強制回収目録に入っている製品と包装物を生産あるいは販売している企業は、製品が廃棄され包装物が使い終わった後には当該製品と包装物を回収しなければならない。強制回収する製品と包装物の目録および具体的な回収方法は国務院経済貿易行政主管部門が制定する。

　国は強制回収目録に入っている製品と包装物に対して回収利用を有利にする経済措置を実施する。県レベル以上の地方人民政府の経済貿易行政主管部門は製品と包装物の強制回収の実施状況を定期的に検査し、併せて適宜検査結果を社会に公表しなければならない。具体的な方法は国務院経済貿易行政主管部門が制定する。）

第二十八条　企业应当对生产和服务过程中的资源消耗以及废物的产生情况进行监测，并根据需要对生产和服务实施清洁生产审核。

　　污染物排放超过国家和地方规定的排放标准或者超过经有关地方人民政府核定的污染物排放总量控制指标的企业，应当实施清洁生产审核。

　　使用有毒、有害原料进行生产或者在生产中排放有毒、有害物质的企业，应当定期实施清洁生产审核，并将审核结果报告所在地的县级以上地方人民政府环境保护行政主管部门和经济贸易行政主管部门。

清洁生产审核办法，由国务院经济贸易行政主管部门会同国务院环境保护行政主管部门制定。

（企業は生産とサービス業務の中の資源消費および廃棄物の発生状況について監視測定を行い、併せて必要に基づき生産とサービス業務に対してクリーンプロダクトの審査を実施しなければならない。

汚染物質の排出が国および地方が規定する排出基準を超過しているか、あるいは関係する地方人民政府が査定する汚染物質排出の総量規制指標を超過している企業は、クリーンプロダクトの審査を実施しなければならない。

有毒、有害な原料を使って生産を進めているか、生産中に有毒、有害物質を排出する企業は定期的にクリーンプロダクトの審査を実施しなければならず、併せて審査結果を所在地の県レベル以上の地方人民政府の環境保護行政主管部門および経済貿易行政主管部門へ報告しなければならない。

クリーンプロダクトの審査方法は、国務院経済貿易行政主管部門が国務院環境保護行政主管部門と共に制定する。）

第三十条　企业可以根据自愿原则，按照国家有关环境管理体系认证的规定，向国家认证认可监督管理部门授权的认证机构提出认证申请，通过环境管理体系认证，提高清洁生产水平。

（企業は出願の原則に基づき、国の関係する環境管理システム認証の規定に従って、国の認証認可監督管理部門が権限を付与した認証機構

へ認証申請を提出し、環境管理システム認証を通してクリーンプロダクトのレベルを引き上げることができる。）

第三十一条　根据本法第十七条规定，列入污染严重企业名单的企业，应当按照国务院环境保护行政主管部门的规定公布主要污染物的排放情况，接受公众监督。
　　（本法第十七条の規定に基づき、汚染がひどい企業の名簿に入っている企業については、国務院環境保護行政主管部門の規定に従って主要な汚染物質の排出状況を公表し、公衆の監督を受けなければならない。）

第三十二条　国家建立清洁生产表彰奖励制度。对在清洁生产工作中做出显著成绩的单位和个人，由人民政府给予表彰和奖励。
　　（国はクリーンプロダクトの表彰・奨励制度を設置する。クリーンプロダクトを推進する中で顕著な成績を出した事業所および個人に対して人民政府が表彰し奨励する。）

第三十四条　在依照国家规定设立的中小企业发展基金中，应当根据需要安排适当数额用于支持中小企业实施清洁生产。
　　（国の規定に従って設立した中小企業発展基金の中で、必要に基づき適当な金額を配分して中小企業がクリーンプロダクトを実施するのを支援するのに用いるべきである。）

第三十五条　对利用废物生产产品的和从废物中回收原料的，税务机关按照国家有关规定，减征或者免征增值税。

（廃棄物を利用して製品を生産する事業所および廃棄物から原料を回収する事業所に対して、税務機関は国の関連規定に従って増額税を減額あるいは免除する。）

第三十六条　企业用于清洁生产审核和培训的费用，可以列入企业经营成本。

（企業がクリーンプロダクトの審査および訓練に用いた費用は、企業の経営コストに算入できる。）

固体废物污染环境防治法　　固体廃棄物汚染環境防除法

2005年4月施行

第五条　国家对固体废物污染环境防治实行污染者依法负责的原则。

　　产品的生产者、销售者、进口者、使用者对其产生的固体废物依法承担污染防治责任。

（国は固体廃棄物の環境汚染防除に対して汚染者が法に基づき責任を取る原則を実行する。

　　製品の生産者、販売者、輸入者、使用者はその発生させる固体廃棄物に対して法に基づき汚染防除の責任を担う。）

第九条　任何单位和个人都有保护环境的义务，并有权对造成固体废物污

染环境的单位和个人进行检举和控告。

（あらゆる事業所および個人はすべて環境を保護する義務があり、また固体廃棄物の環境汚染をもたらす事業所および個人に対して検挙および告訴を行なう権利がある。）

第十五条　县级以上人民政府环境保护行政主管部门和其他固体废物污染环境防治工作的监督管理部门，有权依据各自的职责对管辖范围内与固体废物污染环境防治有关的单位进行现场检查。被检查的单位应当如实反映情况，提供必要的资料。检查机关应当为被检查的单位保守技术秘密和业务秘密。

　　检查机关进行现场检查时，可以采取现场监测、采集样品、查阅或者复制与固体废物污染环境防治相关的资料等措施。检查人员进行现场检查，应当出示证件。

（県レベル以上の人民政府の環境保護行政主管部門とその他固体廃棄物の環境汚染防除業務の監督管理部門は、各自の職責に基づき管轄範囲内の固体廃棄物の環境汚染防除と関係がある事業所に対して現場検査を実施する権限がある。検査される事業所は事実に基づき状況を反映し、必要な資料を提供しなければならない。検査機関は検査される事業所のために技術の秘密と業務の秘密を守らなければならない。

検査機関が現場検査を実施しているとき、現場の監視測定、サンプル採取、固体廃棄物の環境汚染防除と関連する資料等を調査あるいは複製する措置を取ることができる。検査員は現場検査を実施するにあ

たって身分証明証を提示しなければならない。）

第十六条　产生固体废物的单位和个人，应当采取措施，防止或者减少固体废物对环境的污染。

（固体廃棄物を発生させる事業所および個人は、固体廃棄物による環境汚染を防止あるいは減少させる措置を取らなければならない。）

第十八条　产品和包装物的设计、制造，应当遵守国家有关清洁生产的规定。国务院标准化行政主管部门应当根据国家经济和技术条件、固体废物污染环境防治状况以及产品的技术要求，组织制定有关标准，防止过度包装造成环境污染。

　　生产、销售、进口依法被列入强制回收目录的产品和包装物的企业，必须按照国家有关规定对该产品和包装物进行回收。

（製品および包装物の設計、製造は、国のクリーンプロダクトに関する規定を遵守しなければならない。国務院標準化行政主管部門は国家経済と技術条件、固体廃棄物の環境汚染防除状況および製品の技術的要求に基づき、関係する基準の策定を組織し、過度の包装が環境汚染をもたらすのを防止しなければならない。

　　法に基づき強制回収目録に入っている製品および包装物を生産、販売、輸入する企業は、国の関係する規定に従って当該製品および包装物を回収しなければならない。）

第十九条　国家鼓励科研、生产单位研究、生产易回收利用、易处置或者在环境中可降解的薄膜覆盖物和商品包装物。

　　使用农用薄膜的单位和个人，应当采取回收利用等措施，防止或者减少农用薄膜对环境的污染。

　　（国は科学研究部門や生産事業所が回収利用や処置しやすく、あるいは環境中で分解しやすいフィルムカバーや商品包装物を研究あるいは生産することを奨励する。

　　農業用フィルムを使用する事業所および個人は、回収利用等の措置を取り、農業用フィルムによる環境汚染を防止あるいは減少させなければならない。）

第二十五条　禁止进口不能用作原料或者不能以无害化方式利用的固体废物；对可以用作原料的固体废物实行限制进口和自动许可进口分类管理。

　　国务院环境保护行政主管部门会同国务院对外贸易主管部门、国务院经济综合宏观调控部门、海关总署、国务院质量监督检验检疫部门制定、调整并公布禁止进口、限制进口和自动许可进口的固体废物目录。

　　禁止进口列入禁止进口目录的固体废物。进口列入限制进口目录的固体废物，应当经国务院环境保护行政主管部门会同国务院对外贸易主管部门审查许可。进口列入自动许可进口目录的固体废物，应当依法办理自动许可手续。

　　进口的固体废物必须符合国家环境保护标准，并经质量监督检验检疫部门检验合格。

进口固体废物的具体管理办法，由国务院环境保护行政主管部门会同国务院对外贸易主管部门、国务院经济综合宏观调控部门、海关总署、国务院质量监督检验检疫部门制定。

（原料として使えないか、あるいは無害化方式で利用できない固体廃棄物の輸入を禁止する。原料として使える固体廃棄物については輸入の制限と自動的に許可する輸入の分類管理を実行する。

　国務院環境保護行政主管部門は、国務院対外貿易主管部門、国務院経済総合マクロ調整部門、税関総局、国務院品質監督検査検疫部門と共に、輸入を禁止するのと、輸入を制限するのと、輸入を自動的に許可する固体廃棄物の目録を策定、調整、ならびに公布する。

　輸入を禁止する目録に入っている固体廃棄物は輸入を禁止する。輸入を制限する目録に入っている固体廃棄物の輸入は、国務院環境保護行政主管部門と国務院対外貿易主管部門の審査許可を経なければならない。自動的に輸入を許可する目録に入っている固体廃棄物の輸入は、法に基づき自動許可の手続きを行なわなければならない。

　輸入される固体廃棄物は必ず国の環境保護基準に符合し、併せて品質監督検査検疫部門の検査に合格する必要がある。

　輸入される固体廃棄物の具体的な管理方法は、国務院環境保護行政主管部門が国務院対外貿易主管部門、国務院経済総合マクロ調整部門、税関総局、国務院品質監督検査検疫部門と共に策定する。）

第三十条　产生工业固体废物的单位应当建立、健全污染环境防治责任制

度，采取防治工业固体废物污染环境的措施。
（工業固体廃棄物を発生させる事業所は、環境汚染防除の責任制度を作り、健全にし、工業固体廃棄物の環境汚染を防除する措置を取らなければならない。）

第三十一条　企业事业单位应当合理选择和利用原材料、能源和其他资源，采用先进的生产工艺和设备，减少工业固体废物产生量，降低工业固体废物的危害性。
（企業事業所は原材料、エネルギーおよびその他の資源を合理的に選択および利用し、先進的な生産技術と設備を採用し、工業固体廃棄物の発生量を減少させ、工業固体廃棄物の危険性を低減しなければならない。）

第三十二条　国家实行工业固体废物申报登记制度。
　　产生工业固体废物的单位必须按照国务院环境保护行政主管部门的规定，向所在地县级以上地方人民政府环境保护行政主管部门提供工业固体废物的种类、产生量、流向、贮存、处置等有关资料。
　　前款规定的申报事项有重大改变的，应当及时申报。
（国は工業固体廃棄物の申告登録制度を実施する。
　工業固体廃棄物を発生させる事業所は、国務院環境保護行政主管部門の規定に従って、所在地にある県レベル以上の地方人民政府の環境保護行政主管部門へ工業固体廃棄物の種類、発生量、行き先、貯蔵、

処置等の関係資料を提供しなければならない。

前項規定の申請事項に重大な変更がある場合は、直ちに申告しなければならない。)

第三十八条　县级以上人民政府应当统筹安排建设城乡生活垃圾收集、运输、处置设施，提高生活垃圾的利用率和无害化处置率，促进生活垃圾收集、处置的产业化发展，逐步建立和完善生活垃圾污染环境防治的社会服务体系。

（県レベル以上の人民政府は都市農村の生活ごみの収集、輸送、処置施設を統一計画して按配し、生活ごみの利用率と無害化処置率を高め、生活ごみの収集、処置の産業化の発展を促進し、徐々に生活ごみ環境汚染防除の社会サービスシステムを構築および完備しなければならない。)

第四十二条　对城市生活垃圾应当及时清运，逐步做到分类收集和运输，并积极开展合理利用和实施无害化处置。

（都市の生活ごみは、適宜清潔に運び、徐々に分類収集および輸送を達成し、また積極的に合理的利用を展開し無害化処置を実施しなければならない。)

第九十条　中华人民共和国缔结或者参加的与固体废物污染环境防治有关的国际条约与本法有不同规定的，适用国际条约的规定；但是，中华人

民共和国声明保留的条款除外。

（中華人民共和国が締結あるいは参加している固体廃棄物の環境汚染防除に関する国際条約と、本法に異なった規定がある場合、国際条約の規定を適用する。但し、中華人民共和国が声明で保留としている条項は除く。）

危险化学品安全管理条例　　危険化学品安全管理条例

2002年3月施行

第三条　本条例所称危险化学品，包括爆炸品、压缩气体和液化气体、易燃液体、易燃固体、自燃物品和遇湿易燃物品、氧化剂和有机过氧化物、有毒品和腐蚀品等。

　　危险化学品列入以国家标准公布的《危险货物品名表》（GB12268）；剧毒化学品目录和未列入《危险货物品名表》的其他危险化学品，由国务院经济贸易综合管理部门会同国务院公安、环境保护、卫生、质检、交通部门确定并公布。

（本条例で称する危険化学品とは、爆発物、圧縮気体と液化気体、燃えやすい液体、燃えやすい固体、自然燃焼をする物品、湿ると燃えやすい物品、酸化剤と有機過酸化物質、有毒品および腐蝕品等。

　　危険化学品は国家基準で公布した「危険貨物品名称表」〈GB12268〉に入っている。劇毒化学品目録と「危険貨物品名称表」に入っていないその他の危険化学品は、国務院の経済貿易総合管理部門が国務院の公安、環境保護、衛生、品質検査、交通部門と共に確定し、併せて公

布する。)

第四条　生产、经营、储存、运输、使用危险化学品和处置废弃危险化学品的单位（以下统称危险化学品单位），其主要负责人必须保证本单位危险化学品的安全管理符合有关法律、法规、规章的规定和国家标准的要求，并对本单位危险化学品的安全负责。

（危険化学品を生産、経営、貯蔵、輸送、使用し、危険化学品を廃棄処置にする事業所〈以下危険化学品事業所と総称する〉では、その主な責任者は必ず当事業所の危険化学品の安全管理が関係する法律、法規、規則の規定および国家基準の要求に符合することを保証し、併せて当事業所の危険化学品の安全に対して責任を負わなければならない。)

第七条　国家对危险化学品的生产和储存实行统一规划、合理布局和严格控制，并对危险化学品生产、储存实行审批制度；未经审批，任何单位和个人都不得生产、储存危险化学品。

（国は危険化学品の生産と貯蔵に対して統一規格、合理的配置および厳格な規制を実行し、併せて危険化学品の生産、貯蔵に対して審査批准制度を実行する。審査批准を経なければ、いかなる事業所および個人も危険化学品を生産、貯蔵してはならない。)

第十二条　依法设立的危险化学品生产企业，必须向国务院质检部门申请

領取危险化学品生产许可证；未取得危险化学品生产许可证的，不得开工生产。

（法に基づき設立する危険化学品の生産企業は、必ず国務院の品質検査部門に危険化学品の生産許可証を申請し受領しなければならない。危険化学品の生産許可証を取得していない企業は、起工し生産してはならない。）

第二十七条　国家对危险化学品经营销售实行许可制度。未经许可，任何单位和个人都不得经营销售危险化学品。

（国は危険化学品の販売経営に対して許可制度を実行する。許可を経なければ、いかなる事業所および個人も危険化学品を販売経営してはならない。）

第三十五条　国家对危险化学品的运输实行资质认定制度；未经资质认定，不得运输危险化学品。危险化学品运输企业必须具备的条件由国务院交通部门规定。

（国は危険化学品の輸送に対して資格認定制度を実行する。資格認定を経なければ、危険化学品を輸送してはならない。危険化学品の輸送企業が必ず備えなければならない条件は、国務院の交通部門が規定する。）

危险化学品登记管理办法　　危险化学品登記管理弁法

2002年11月施行

第一条　为加强对危险化学品的安全管理，防范化学事故和为应急救援提供技术、信息支持，根据《危险化学品安全管理条例》，制定本办法。

（危険化学品に対する安全管理を強化し、化学事故を防止し、応急的な救援のために技術、情報の支援を提供するため、「危険化学品安全管理条例」に基づき、本弁法を制定する。）

第三条　危险化学品的登记范围：
（一）列入国家标准《危险货物品名表》（GB12268）中的危险化学品；
（二）由国家安全生产监督管理局会同国务院公安、环境保护、卫生、质检、交通部门确定并公布的未列入《危险货物品名表》的其他危险化学品。

（危険化学品の登録範囲：
（一）国家基準「危険貨物品目録」〈GB12268〉中の危険化学品；
（二）国家安全生産監督管理局が国務院の公安、環境保護、衛生、品質検査、交通部門と共に確定し、併せて公布した「危険貨物品目録」に入っていないその他の危険化学品。）

第十四条　生产单位应登记的内容：
（一）生产单位的基本情况；
（二）危险化学品的生产能力、年需要量、最大储量；

（三）危险化学品的产品标准；
（四）新化学品和危险性不明化学品的危险性鉴别和评估报告；
（五）化学品安全技术说明书和化学品安全标签；
（六）应急咨询服务电话。

　　（生産事業所が登録すべき内容：

　　（一）生産事業所の基本的状況；

　　（二）危険化学品の生産能力、年間需要量、最大貯蔵量；

　　（三）危険化学品の製品指標；

　　（四）新しい化学品と危険性が不明な化学品の危険性の鑑別および評価の報告；

　　（五）化学品の安全技術説明書と化学品安全標識；

　　（六）緊急問い合わせ電話番号。）

第十五条　储存单位、使用单位应登记的内容：
（一）储存单位、使用单位的基本情况；
（二）储存或使用的危险化学品品种及数量；
（三）储存或使用的危险化学品安全技术说明书和安全标签。

　　（貯蔵事業所、使用事業所が登録すべき内容：

　　（一）貯蔵事業所、使用事業所の基本的状況；

　　（二）貯蔵あるいは使用する危険化学品の品種および数量；

　　（三）貯蔵あるいは使用する危険化学品の安全技術説明書および安全標識。）

废弃危险化学品污染环境防治办法
廃棄危険化学品汚染環境防除弁法 2005 年 10 月施行

第一条　为了防治废弃危险化学品污染环境，根据《固体废物污染环境防治法》、《危险化学品安全管理条例》和有关法律、法规，制定本办法。

（廃棄危険化学品が環境を汚染するのを防除するため、「固体廃棄物汚染環境防除法」、「危険化学品安全管理条例」および関係する法律、法規に基づき本弁法を制定する。）

第二条　本办法所称废弃危险化学品，是指未经使用而被所有人抛弃或者放弃的危险化学品，淘汰、伪劣、过期、失效的危险化学品，由公安、海关、质检、工商、农业、安全监管、环保等主管部门在行政管理活动中依法收缴的危险化学品以及接收的公众上交的危险化学品。

（本弁法で称する廃棄危険化学品とは、使用されずに所有者に投棄あるいは放棄された危険化学品、淘汰、偽物、期限切れ、効用をなくした危険化学品、公安、税関、検査部門、商工、農業、安全監督管理、環境保護等の主管部門が行政管理業務の中で法律に基づいて取り上げた化学品および公衆から引き渡された化学品を指す。）

第四条　废弃危险化学品污染环境的防治，实行减少废弃危险化学品的产生量、安全合理利用废弃危险化学品和无害化处置废弃危险化学品的原则。

（廃棄危険化学品が環境を汚染するのを防除するのは、廃棄危険化学

品の発生量削減、安全な合理的利用、および無害化処理の原則を実行することである。）

第七条　禁止任何单位或者个人随意弃置废弃危险化学品。
（いかなる事業所あるいは個人も勝手に廃棄危険化学品を打ち捨てることを禁止する。）

第八条　危险化学品生产者、进口者、销售者、使用者对废弃危险化学品承担污染防治责任。
　　　危险化学品生产者负责自行或者委托有相应经营类别和经营规模的持有危险废物经营许可证的单位，对废弃危险化学品进行回收、利用、处置。
　　　危险化学品进口者、销售者、使用者负责委托有相应经营类别和经营规模的持有危险废物经营许可证的单位，对废弃危险化学品进行回收、利用、处置。
（危険化学品の生産者、輸入者、販売者、使用者は廃棄危険化学品に対して汚染防除の責任を負う。
　危険化学品の生産者は自らか、あるいは相応の経営業種および経営規模で危険廃棄物経営許可証を持つ事業所に委託して廃棄危険化学品を回収、利用、処置する責任を負う。
　危険化学品の輸入者、販売者、使用者は相応の経営業種および経営規模で危険廃棄物経営許可証を持つ事業所に委託して廃棄危険化学品

を回収、利用、処置する責任を負う。）

第十一条　从事收集、贮存、利用、处置废弃危险化学品经营活动的单位，应当按照国家有关规定向所在地省级以上环境保护部门申领危险废物经营许可证。

（廃棄危険化学品の収集、貯蔵、利用、処置の経営業務に従事する事業所は国の関連規定に従って所在地の省レベル以上の環境保護部門に危険廃棄物経営許可証を申請受領しなければならない。）

危险废物经营许可证管理办法　　危険廃棄物経営許可証管理弁法
　　　　　　　　　　　　　　　　　　　　2004年7月施行
第一条　为了加强对危险废物收集、贮存和处置经营活动的监督管理，防治危险废物污染环境，根据《中华人民共和国固体废物污染环境防治法》，制定本办法。

（危険廃棄物の収集、貯蔵および処置の営業活動に対する監督管理を強化し、危険廃棄物による環境汚染を防除するため、「中華人民共和国固体廃棄物汚染環境防除法」に基づき、本弁法を制定する。）

第二条　在中华人民共和国境内从事危险废物收集、贮存、处置经营活动的单位，应当依照本办法的规定，领取危险废物经营许可证。

（中華人民共和国の国内で危険廃棄物の収集、貯蔵、処置の営業活動に従事する事業所は、本弁法の規定に従って危険廃棄物営業許可証を

取得する必要がある。)

第四条　县级以上人民政府环境保护主管部门依照本办法的规定，负责危险废物经营许可证的审批颁发与监督管理工作。
（県レベル以上の人民政府の環境保護主管部門が本弁法の規定に従って、危険廃棄物営業許可証の審査発行および監督管理の業務について責任を負う。)

第五条　申请领取危险废物收集、贮存、处置综合经营许可证，应当具备下列条件：
（一）有3名以上环境工程专业或者相关专业中级以上职称，并有3年以上固体废物污染治理经历的技术人员；
（二）有符合国务院交通主管部门有关危险货物运输安全要求的运输工具；
（三）有符合国家或者地方环境保护标准和安全要求的包装工具，中转和临时存放设施、设备以及经验收合格的贮存设施、设备；
（四）有符合国家或者省、自治区、直辖市危险废物处置设施建设规划，符合国家或者地方环境保护标准和安全要求的处置设施、设备和配套的污染防治设施；其中，医疗废物集中处置设施，还应当符合国家有关医疗废物处置的卫生标准和要求；
（五）有与所经营的危险废物类别相适应的处置技术和工艺；
（六）有保证危险废物经营安全的规章制度、污染防治措施和事故应急救援措施；

（七）以填埋方式处置危险废物的,应当依法取得填埋场所的土地使用权。

（危険廃棄物の収集、貯蔵、処置の総合営業許可証を申請取得するには、以下の条件を備える必要がある。

- （一）3名以上の環境技術専門あるいは関連する専門で中級以上の職名を有し、また3年以上の固体廃棄物汚染処理の経歴を持つ技術要員を有すること。
- （二）国務院交通主管部門の危険貨物輸送に関する安全の要求に適合する運輸手段を有すること。
- （三）国あるいは地方の環境保護基準および安全の要求に適合する包装手段、中継および臨時保存施設、設備および点検合格を経た貯蔵施設、設備を有すること。
- （四）国あるいは省、自治区、直轄市の危険廃棄物処置施設の建設計画に適合し、国あるいは地方の環境保護基準および安全の要求に適合する処置施設や設備およびセットになった汚染防除施設を有すること。とりわけ医療廃棄物の集中処置施設は国の医療廃棄物処置に関する衛生基準および要求にも適合する必要がある。
- （五）取り扱い危険廃棄物の種別に相応の処置技術と工程を有すること。
- （六）危険廃棄物の営業の安全を保証する規定制度、汚染防除措置および事故応急救援措置を有すること。
- （七）危険廃棄物を埋め立て処置とする場合は、法に基づき埋立地の土地使用権を取得しなければならない。)

第七条　国家对危险废物经营许可证实行分级审批颁发。

　　下列单位的危险废物经营许可证，由国务院环境保护主管部门审批颁发：

（一）年焚烧 1 万吨以上危险废物的；

（二）处置含多氯联苯、汞等对环境和人体健康威胁极大的危险废物的；

（三）利用列入国家危险废物处置设施建设规划的综合性集中处置设施处置危险废物的。

　　医疗废物集中处置单位的危险废物经营许可证，由医疗废物集中处置设施所在地设区的市级人民政府环境保护主管部门审批颁发。

　　危险废物收集经营许可证，由县级人民政府环境保护主管部门审批颁发。

　　本条第二款、第三款、第四款规定之外的危险废物经营许可证，由省、自治区、直辖市人民政府环境保护主管部门审批颁发。

（国は危険廃棄物の営業許可証に対して異なる行政レベルによる審査発行を実施する。

　　下記事業所の危険廃棄物営業許可証は国務院の環境保護主管部門が審査発行する。

（一）年間 1 万トン以上の危険廃棄物を焼却する事業所。

（二）塩化フェニルベンゼンや水銀等を含み環境および人体の健康に重大な脅威となる危険廃棄物の処置に携わる事業所。

（三）国の危険廃棄物処置施設の建設計画にある総合的な集中処置施設を利用して危険廃棄物の処置に携わる事業所。

医療廃棄物を集中処置する事業所の危険廃棄物営業許可証は、医療廃棄物集中処置施設の所在地のある市レベルの人民政府の環境保護主管部門が審査発行する。
　　　危険廃棄物の収集営業許可証は、県レベル以上の人民政府の環境保護主管部門が審査発行する。
　　　本条第二項、第三項、第四項が規定する以外の危険廃棄物営業許可証は、省、自治区、直轄市の人民政府の環境保護主管部門が審査発行する。）

第十四条　危险废物经营单位终止从事收集、贮存、处置危险废物经营活动的，应当对经营设施、场所采取污染防治措施，并对未处置的危险废物作出妥善处理。
　　（危険廃棄物を取り扱う事業所が危険廃棄物を収集、貯蔵、処置する営業活動をやめるときは、営業施設、敷地に対して汚染防除措置を施し、併せて未処置の危険廃棄物に対して適切に処理しなければならない。）

第十五条　禁止无经营许可证或者不按照经营许可证规定从事危险废物收集、贮存、处置经营活动。
　　禁止从中华人民共和国境外进口或者经中华人民共和国过境转移电子类危险废物。
　　禁止将危险废物提供或者委托给无经营许可证的单位从事收集、贮

存、処置経営活動。

　　禁止伪造、变造、转让危险废物经营许可证。

（営業許可証がないか、あるいは営業許可証の規定に従わずに危険廃棄物を収集、貯蔵、処置する営業活動に従事することを禁止する。

　電子系の危険廃棄物が中華人民共和国の国外から輸入されるか、あるいは中華人民共和国を経由して移動することを禁止する。

　営業許可証を持たない事業所に危険廃棄物を提供するか、あるいは委託して危険廃棄物を収集、貯蔵、処置する営業活動に従事させることを禁止する。

　危険廃棄物の営業許可証を偽造、変造、譲渡することを禁止する。）

第十六条　县级以上地方人民政府环境保护主管部门应当于每年３月３１日前将上一年度危险废物经营许可证颁发情况报上一级人民政府环境保护主管部门备案。

　　上级环境保护主管部门应当加强对下级环境保护主管部门审批颁发危险废物经营许可证情况的监督检查，及时纠正下级环境保护主管部门审批颁发危险废物经营许可证过程中的违法行为。

　（県レベル以上の地方人民政府の環境保護主管部門は毎年３月３１日以前に前年度における危険廃棄物営業許可証の発行状況をその一級上の人民政府の環境保護主管部門に報告し登録する必要がある。

　上のレベルの環境保護主管部門はその下級の環境保護主管部門による危険廃棄物営業許可証の審査発行状況に対して監督検査を強化し、

下級の環境保護主管部門による危険廃棄物営業許可証の審査発行過程での違法発行を即座に正さなければならない。）

第十七条　县级以上人民政府环境保护主管部门应当通过书面核查和实地检查等方式，加强对危险废物经营单位的监督检查，并将监督检查情况和处理结果予以记录，由监督检查人员签字后归档。

　　公众有权查阅县级以上人民政府环境保护主管部门的监督检查记录。

　　县级以上人民政府环境保护主管部门发现危险废物经营单位在经营活动中有不符合原发证条件的情形的，应当责令其限期整改。

（県レベル以上の人民政府の環境保護主管部門は書面審査と実地検査等の方法により危険廃棄物を取り扱う事業所に対して監督検査を強化し、併せて監督検査の状況と処理の結果を記録し、監督検査要員が署名して分類保管しなければならない。

公衆は県レベル以上の人民政府の環境保護主管部門の監督検査記録を査閲する権利がある。

県レベル以上の人民政府の環境保護主管部門は危険廃棄物を取り扱う事業所の営業活動に発行した許可証と符合しない状況を発見した場合、期限を切って改善することを命令しなければならない。）

第十八条　县级以上人民政府环境保护主管部门有权要求危险废物经营单位定期报告危险废物经营活动情况。危险废物经营单位应当建立危险废

物经营情况记录簿，如实记载收集、贮存、处置危险废物的类别、来源、去向和有无事故等事项。

　　危险废物经营单位应当将危险废物经营情况记录簿保存10年以上，以填埋方式处置危险废物的经营情况记录簿应当永久保存。终止经营活动的，应当将危险废物经营情况记录簿移交所在地县级以上地方人民政府环境保护主管部门存档管理。

（県レベル以上の人民政府の環境保護主管部門は危険廃棄物を取り扱う事業所に危険廃棄物の営業活動状況の定期的な報告を要求する権利がある。危険廃棄物を取り扱う事業所は危険廃棄物の営業状況に関する記録簿を作成し、事実に即して収集、貯蔵、処置している危険廃棄物の種別、出所、帰趨および事故の有無等の事項を記載しなければならない。

　危険廃棄物を取り扱う事業所は危険廃棄物の営業状況に関する記録簿を10年以上、危険廃棄物を埋め立て処置とする営業状況に関する記録簿は永久に保存しなければならない。営業活動をやめる事業所は、危険廃棄物の営業状況に関する記録簿を所在地の県レベル以上の地方人民政府の環境保護主管部門に移してファイルにして保管しなければならない。)

第十九条　县级以上人民政府环境保护主管部门应当建立、健全危险废物经营许可证的档案管理制度，并定期向社会公布审批颁发危险废物经营许可证的情况。

(県レベル以上の人民政府の環境保護主管部門は危険廃棄物営業許可証の分類保管制度を設置し健全にし、併せて定期的に社会へ向けて危険廃棄物営業許可証の審査発行状況を公表しなければならない。)

第二十一条　危险废物的经营设施在废弃或者改作其他用途前，应当进行无害化处理。

　　填埋危险废物的经营设施服役期届满后，危险废物经营单位应当按照有关规定对填埋过危险废物的土地采取封闭措施，并在划定的封闭区域设置永久性标记。

(危険廃棄物の営業施設は廃棄するか、あるいは別の用途に改修する前に無害化処理を施さなければならない。

　　危険廃棄物の埋め立て営業施設は既定使用期間の満了後、危険廃棄物を取り扱う事業所は関係する規定に従って危険廃棄物を埋め立てたことがある土地に対して密閉措置を施し、併せて画定した密閉区域に永久の標識を設置しなければならない。)

废弃电器电子产品回收处理管理条例
廃棄電器電子製品回収処理管理条例

2011年1月施行

第二条　本条例所称废弃电器电子产品的处理活动，是指将废弃电器电子产品进行拆解，从中提取物质作为原材料或者燃料，用改变废弃电器电子产品物理、化学特性的方法减少已产生的废弃电器电子产品数量，减

少或者消除其危害成分，以及将其最终置于符合环境保护要求的填埋场的活动，不包括产品维修、翻新以及经维修、翻新后作为旧货再使用的活动。

（本条例が廃棄電器電子製品の処理活動と称しているのは、廃棄電器電子製品を分解し、その中から物質を取り出して原材料または燃料とし、廃棄電器電子製品の物理的化学的特性を変える方法を用いてすでに発生している廃棄電器電子製品の数量を減らしてその危害を及ぼす成分を減らすか取り除き、またその最終処分が環境保護の要求に合った埋め立て場の活動であり、製品の修理、リニューアルおよび修理やリニューアル後にリユースする活動は含まない。）

第五条　国家対废弃电器电子产品实行多渠道回收和集中处理制度。
　（国は廃棄電器電子製品に対して多チャネル回収および集中処理の制度を実施する。）

第六条　国家対废弃电器电子产品处理实行资格许可制度。设区的市级人民政府环境保护主管部门审批废弃电器电子产品处理企业（以下简称处理企业）资格。
　（国は廃棄電器電子製品の処理に対して資格許可制度を実施する。設置区のある市レベルの人民政府環境保護主管部門は、廃棄電器電子製品の処理企業の資格を審査批准する。）

第七条　国家建立废弃电器电子产品处理基金，用于废弃电器电子产品回收处理费用的补贴。电器电子产品生产者、进口电器电子产品的收货人或者其代理人应当按照规定履行废弃电器电子产品处理基金的缴纳义务。

废弃电器电子产品处理基金应当纳入预算管理，其征收、使用、管理的具体办法由国务院财政部门会同国务院环境保护、资源综合利用、工业信息产业主管部门制订，报国务院批准后施行。

制订废弃电器电子产品处理基金的征收标准和补贴标准，应当充分听取电器电子产品生产企业、处理企业、有关行业协会及专家的意见。
（国は廃棄電器電子製品の処理基金を設立し、廃棄電器電子製品の回収処理費用の補助に用いる。廃棄電器電子製品の生産者、輸入電器電子製品の荷受人またはその代理人は、規定に従って廃棄電器電子製品の処理基金の納付義務を履行しなければならない。

廃棄電器電子製品の処理基金は予算管理に組み入れなければならず、その徴収、使用、管理の具体的な方法は国務院の財政部門が国務院の環境保護、資源総合利用、工業情報産業の主管部門と共に制定し、国務院に報告して認可を受けた後に施行する。

廃棄電器電子製品の処理基金の徴収基準および補助基準の制定は、電器電子製品のメーカー、処理企業、関連する業界の協会および専門家の意見を十分に聴取しなければならない。）

第十条　电器电子产品生产者、进口电器电子产品的收货人或者其代理人

生产、进口的电器电子产品应当符合国家有关电器电子产品污染控制的规定，采用有利于资源综合利用和无害化处理的设计方案，使用无毒无害或者低毒低害以及便于回收利用的材料。

　　电器电子产品上或者产品说明书中应当按照规定提供有关有毒有害物质含量、回收处理提示性说明等信息。

（電器電子製品の生産者、輸入電器電子製品の荷受人またはその代理人が生産、輸入する電器電子製品は、国の電器電子製品の汚染規制に関する規定に合致し、資源の総合利用および無害化処理に有利な設計方案を採用し、無毒無害または低毒低害および回収利用しやすい材料を使用しなければならない。

　　電器電子製品において、または製品説明書の中で、規定に従って関連する有毒有害物質の含有量、回収処理の注意説明等の情報を提供しなければならない。）

第二十三条　申请废弃电器电子产品处理资格，应当具备下列条件：
（一）具备完善的废弃电器电子产品处理设施；
（二）具有对不能完全处理的废弃电器电子产品的妥善利用或者处置方案；
（三）具有与所处理的废弃电器电子产品相适应的分拣、包装以及其他设备；
（四）具有相关安全、质量和环境保护的专业技术人员。

　　（廃棄電器電子製品の処理資格の申請は、次の条件を備えなければならない。

（一）完全な廃棄電器電子製品の処理施設を有すること。

（二）完全処理できない廃棄電器電子製品に対する適切な利用または処置方策を有すること。

（三）処理する廃棄電器電子製品に対応した選別、包装およびその他の設備を有すること。

（四）安全、品質および環境保護に関する専門技術要員を有すること。）

― 政策原理コラム ―

アスベストの問題は学界にも責任がある

　アスベストの被害が悲惨な結果となったのには、多少の犠牲が出てもコストパフォーマンスがよく全体の便益を増す方がよいと考えるリスク・ベネフィット論の影響がある。アスベストは禁止にするのが適切だという考え方が出た時点から、わが国の禁止措置は大幅に遅れた。この間、どこかの時点で、深刻な被害の兆候を先取りする「予防原則」を発動すべきだった。発動しなかったことが、アスベストのような物質では、こういう結果をもたらしてしまうことになる。

　「予防原則」を発動しないと後悔するほどの重大な結果を招くのである。リスク・ベネフィット論者は、「予防原則」によって禁止措置をとったら代償が大きいと主張するが、逆ではないだろうか。命にかかわるほどの有害物質は、「予防原則」を発動しない方が代償が大きいことを証明している。また、禁止措置が可能だったことは、アスベストを使用する企業が大幅にピークアウトした後でも経済的代償はほとんどなかったことからわかる。

　命の損失のリスクと経済的ベネフィットの損失のリスクとを同じ種類のリスクと考えているのだろうか。前者のリスクの方が一段も二段も上の重視しなければならないリスクであり、深刻なリスクであるという認識がないのが、この理論の特徴のようだ。「なにがなんでも命を保全する」という発想がない。この理論とは反対に、命を保全した方が経済的ベネフィットの損失を招かないことは、今回のアスベストの問題が如実に示しているのではないだろうか。

　自由の問題として考えると、リスクを取ってもいいからベネフィットを入手したい者の自由と、リスクを回避したい者の回避の自由とのどちらが優先されるべきかと聞かれたなら、前者の欲望追求の自由より後者の非可逆的損失を免れる自由の方がプライオリティが高いと答える人が多いはずだ。

　また、リスクが小さい場合にはアスベストの使用を禁止にしなくてもよいとするリスク・ベネフィット論では、リスクの程度の判断になじまないものに誤った判断を下すことになる。アスベストは「リスクは小さい」のだからよいとされてはいけないものであることは、早くからわかっていたはずである。

第八講　リスク・ベネフィットの問題と法政策

一、リスク管理政策の模索

環境リスクに対する基本姿勢

　中国でもリスクに対する考え方は、リスクを引き受けることがもたらす利益とリスクを削減することがもたらすコストを比較検討し、受け入れることができるリスクの度合いと損害レベルを確定するということは否定していない。

　ただし、批判的な意見もある。

環境責任「原罪」説——環境無過失責任原則の合理性に関する再考

　　风险分担主义的"分散"符合社会保障的要求，但这种理论与危险主义一样，也是把环境侵害理解为一种可能性，所谓分散不过是对可能的侵害或者偶然出现的侵害的分配原则。这种理解也没有抓住环境侵害的本质。风险分担主义所说的风险还潜藏着为了较大的利益而付出较小的风险的含义，然而，环境侵害不必然具有这样的比较利益，因而，所谓分担风险也就不必然具有合理性。

（徐祥民、吕霞著：〈环境责任"原罪"说—关于环境无过错归责原则合理性的再思考〉，《2004 年中国法学会环境资源法学研究会年会论文集》，武汉大学环境法研究所）

　（リスク分担主義の「分散」は社会保障の要求に合っているが、この種

の理論は冒険主義と同様、環境侵害を一種の可能性と理解しており、いわゆる分散は可能な侵害あるいは偶然に出現する侵害に対する分配原則にすぎない。この種の理解も環境侵害の本質をつかんでいない。リスク分担主義が言うリスクには、比較的大きな利益のために比較的小さなリスクを引き受けるといった含意がなお隠れている。ただし、環境侵害にこのような相対利益が必然的にあるわけではなく、したがっていわゆるリスクを分担することも必然的に合理性があるわけではない。)

　リスク分担主義が言う分担とは事実上分散であり、環境侵害の行為者は損害や被害をリスクの分担という形で社会に転嫁しようとしているのではないか。その実質は、加害者が損害や被害を補償する費用と責任を社会に分散しようとしているのではないか。例えば企業経営者の場合、環境侵害がもたらす社会的な損害費用を製品価格に上乗せし、消費者が負担する形で社会に分散させることもできる。このように、リスク分担主義は実際には、社会全体が環境リスクを負担することが合理的であると考えているのである。このように著者たちは述べている。

環境リスク管理の基本原則
风险预防

　　化学品的风险管理活动，同所有的国家管理活动一样，都依据这一定的理论原理，有着若干指导准则。

　　风险预防是化学品环境管理的首要原则，污染者、危害者负担原则是主要的责任原则，受益者分担是主要的协同原则，全过程管理原则是首要

的控制原则，公众参与原则，与科技发展相协调原则。

由于化学品危害的不确定性，化学品在生产、转移、使用、处置过程中都存在环境风险。化学品环境风险指环境遭受化学品损害的可能性，包括遭受风险的可能性以及所致损害的严重性。其其有两个重要特征：（1）环境风险的存在期比较长，因而环境风险的承担主体既包括当代人又包括后代人，这是环境危害后果的累积性、潜在性决定的。（2）环境风险以不确定性为前提。

风险预防时针对环境风险的主要原则，亦应当作为化学品管理法规的核心之一。其含义被许多国际法文件所采纳，但都未明确界定其含义，可以认为，环境风险预防原则是指在不确定性的情况下当存在一定环境风险时防止环境损害发生的指导思想，核心是一旦存在一定的环境风险，就采取各种预防措施。由于化学物质对社会和经济带来巨大的利益，限制某些化学物质的使用，可能对公众的生活生产产生巨大的影响。只有在以下情况下才可以采取减少风险的措施：

① 某种持久性生物累积性化学物质以可能对环境产生难以承受的危害时；
② 专业机构或专业人员有正确的证据证明某种化学物质对环境有严重的或不可逆转的影响，但是科学认识又不足以对起危害影响充分描述时。

（黄政：《化学品环境风险管理》，中国环境法网 2003-6-4，武汉大学环境法研究所。张梓太、吴卫星等编著：《环境与资源法学》，科学出版社，2002 年版，65—66 页参照）

(リスク予防

　化学品のリスク管理活動は、あらゆる国家管理活動と同じく、みなこうした一定の理論原理に依拠しており、若干のガイドラインがある。

　リスク予防は化学品環境管理の第一に重要な原則であり、汚染者や加害者の負担原則は主要な責任原則であり、受益者による分担は主要な協同原則であり、全過程管理原則は第一に重要な制御原則であり、公衆参加原則は科学技術の発展との協調原則である。

　化学品の危害の不確定性のため、化学品は生産、移動、使用、処置の全過程で環境リスクが存在している。化学品の環境リスクは環境が化学品損害を被る可能性を指しており、被るのはリスクの可能性から損害の重大性まで含んでいる。それは二つの重要な特徴をもっている。（1）環境リスクの存在期は比較的長く、よって環境リスクの引き受け主体は現代人と共に未来の人々も含まれる。これは、環境危害の結果における累積性や潜在性から決まる。（2）環境リスクは不確定性を前提としている。

　リスクを予防するときの環境リスクに対する主要な原則は、また化学品管理法規の核心のひとつとすべきである。そうした含意は多くの国際法の文書に採択されているのだが、どれも未だそうした含意の規定が明確ではない。次のように考えられる。環境リスク予防原則は不確定性の状況下で一定の環境リスクが存在するときに環境損害の発生を防止する指導思想であり、核心はいったん一定の環境リスクが存在すれば各種の予防措置をとることである。化学物質は社会と経済に巨大な利益をもた

らすため、あるいくつかの化学物質の使用を制限すると、たぶん公衆の生活を維持するのに巨大な影響を生じる。ただ以下の状況下でのみリスクを減らす措置をとってもよい：
① ある種の持続性と生物蓄積性のある化学物質が環境にとって受け入れ難い危害を生じるであろうとき。
② 専門機関あるいは専門家が正確な証拠によってある種の化学物質が環境にとって重大あるいは不可逆的な影響があることを証明するものの、科学の認識ではなお有害な影響に対して充分に表現できないとき。）

中国における有害物質対策法の問題点
　参照：新化学物質環境管理弁法（2003年10月施行）の第13条に除外規定あり。
下記の場合には除外扱いの申請ができる。
（1）科学研究を目的とし、新規の化学物質の1年間の生産あるいは輸入数量が100kgを上回らない場合。
（2）新規の化学物質の単体含有量が2％（重量）以下の化合物。
（3）技術研究および開発のため、1000kgを上回らない新規の化学物質を生産するか輸入する場合。ただし、1年間は申告免除を申請できるが継続申請はできない。
（4）中国国内で国内生物による新規化学物質の生体毒性試験を行うため当該化学物質を輸入し見本試験をする場合。

申告免除手続きの申請を行う申告者は登録センターに対して申告免除の申請表および本条第一項に掲げた状況に符合する関係証明書類を提出し、併せて当該物質の科学的研究、工程研究と開発、生産あるいは輸入の数量、顧客の名称等の記録を保存しなければならない。

(REACH：登録を要するのは年間１トン以上生産あるいは輸入する場合。)

二、裏付けとなる具体的な法規の内容

新化学物质环境管理办法　　新化学物質環境管理弁法

2003 年 10 月施行

第三条　国家对新化学物质环境管理实行生产前和进口前申报登记制度。

　　生产或者进口新化学物质的，必须按照本办法的规定，在生产前或者进口前进行新化学物质申报，申请领取新化学物质环境管理登记证(以下简称登记证)。

(国は新化学物質の環境管理に対して生産前および輸入前に申告登録する制度を実行する。

新化学物質を生産あるいは輸入する者は、必ず本弁法の規定に従って生産前あるいは輸入前に新化学物質を申告し、新化学物質の環境管理登録証を申請し受領しなければならない〈以下登録証と略称する〉。)

第四条　本办法所称新化学物质，是指在申报时，尚未在中华人民共和国境内生产或者进口的化学物质。

（本弁法が称する新化学物質とは、申告時に未だ中華人民共和国領内で生産あるいは輸入されていない化学物質を指す。）

第五条　国家环境保护总局负责制定新化学物质环境管理标准和技术规范。

（国家環境保護総局は新化学物質の環境管理基準および技術規範を制定する責任を負う。）

第六条　国家环境保护总局设立新化学物质环境管理专家评审委员会（以下简称评审委员会）。评审委员会负责对新化学物质的环境影响进行评估，并向国家环境保护总局提交书面评估意见。

（国家環境保護総局は新化学物質の環境管理専門家評価審査委員会〈以下評価審査委員会と略称〉を設置する。評価審査委員会は新化学物質の環境影響に関して評価を行い、併せて国家環境保護総局に対して書面で評価意見を提出する責任を負う。）

第十三条　有下列情形之一的，可以申请办理免于申报手续：

（下記の状況のうち１つある場合、申告手続きの免除を申請できる。以下４項目の訳は既出）

（一）以科学研究为目的，每年生产或者进口新化学物质数量不超过100千克的；

（二）新化学物质单体含量低于2％的聚合物；

（三）为了进行工艺研究、开发而生产或者进口新化学物质数量不超过

1000 千克的，可以申请为期一年的免于申报，不予延续；

（四）为了在中国境内用中国的供试生物进行新化学物质生态毒理学测试而进口新化学物质测试样品的。

申请办理免于申报手续的申报人应当向登记中心提交免于申报的申请表和有关符合本条第一款所列情形的证明材料，并保存该物质的科学研究、工艺研究与开发、生产或者进口的数量、客户名称等记录。

第十四条　登记中心自收到申报人提交的申报材料之日起 15 日内，根据本办法的规定对申报材料进行形式审查，符合规定的，予以受理并书面通知申报人；对不符合规定的，不予受理，并书面通知申报人。

登记中心对予以受理的，自受理之日起 5 日内将申报材料提交评审委员会。

（登録センターは申告者が提出した申告書類を受け取った日から 15 日以内に、本弁法の規定に基づき、申告書類に対して形式審査を行い、規定に符合する場合は受理し書面で申告者へ通知する。規定に符合しない場合は受理せず書面で申告者へ通知する。

登録センターは受理した場合、受理した日から 5 日以内に申告書類を評価審査委員会に提出する。）

第十五条　评审委员会自收到申报材料之日起 60 日内，按照国家环境保护总局有关新化学物质环境管理标准与技术规范的规定，对该化学物质的环境影响进行评估，并将书面评估意见提交国家环境保护总局。

（評価審査委員会は申告書類を受け取った日から 60 日以内に、国家環境保護総局の新化学物質の環境管理基準および技術規範に関する規定に従って、当該化学物質の環境影響に関して評価を行い、併せて書面で評価意見を国家環境保護総局に提出する。）

第十六条　国家环境保护总局自收到评审委员会的书面评估意见之日起 30 日内对申报材料作出是否予以登记的决定。对予以登记的，签发登记证；不予登记的，说明理由。

　　国家环境保护总局将决定通知登记中心，由登记中心将决定书面通知申报人。

（国家環境保護総局は評価審査委員会の書面での評価意見を受け取った日から 30 日以内に、申告書類に対して登録の諾否の決定を行う。登録を許可する場合には登録証を発行し、登録を許可しない場合は理由を説明する。

　　国家環境保護総局は決定を登録センターに通知し、登録センターが決定を書面で申告者に通知する。）

第二十二条　环境保护部门在审批生产新化学物质或者用进口的新化学物质从事生产的新建、改建、扩建项目环境影响评价文件时，应当将该项目是否取得登记证作为审查的重要依据。

（環境保護部門は新化学物質を生産あるいは輸入した新化学物質を使って生産に従事する新規建設、建て替え、増築プロジェクトの環境影響評価文書を審査批准するときには、当該プロジェクトが登録証を取

得しているかどうかを審査の重要な根拠とすべきである。)

第二十三条　县级以上环境保护部门应当对本行政区域内的新化学物质进行监督检查，发现新化学物质严重危害环境的，应当责令生产者、进口者或者使用者立即采取应急措施，消除危害，并将有关情况径报国家环境保护总局，同时报告上一级环境保护部门。

　　国家环境保护总局接到报告后，应当进行核查，并可以撤销该新化学物质生产者或者进口者持有的登记证。

(県レベル以上の環境保護部門は自らの行政区域内の新化学物質に対して監督検査を行い、新化学物質が環境を深刻に侵害しているのを発見したら、生産者、輸入者あるいは使用者が即刻応急措置によって危害を除去することを命じ、併せて係る状況を国家環境保護総局に報告し、同時に一級上の環境保護部門に報告しなければならない。

　　国家環境保護総局は報告を受けた後、詳細に調査しなければならず、併せて当該新化学物質の生産者あるいは輸入者が所持する登録証を取り消すことができる。)

化学品首次进口及有毒化学品进出口环境管理规定
化学品初輸入および有毒化学品輸出入環境管理規定

2002年11月施行

第五条　国家环境保护局对化学品首次进口和有毒化学品进出口实施统一的环境监督管理，负责全面执行《伦敦准则》(有害化学物質事前通報

を内容とする国際貿易における化学物質の情報交換に関するロンドンガイドライン）的事先知情同意程序，发布中国禁止或严格限制的有毒化学品名录，实施化学品首次进口和列入《名录》内的有毒化学品进出口的环境管理登记和审批，签发《化学品进（出）口环境管理登记证》和《有毒化学品进（出）口环境管理放行通知单》，发布首次进口化学品登记公告。

（国家環境保護局は化学品の初めての輸入および有毒化学品の輸出入に関して統一的な環境監督管理を実施し、「ロンドンガイドライン」の事前通知および同意の手順の全面執行に責任を負い、中国が禁止あるいは厳格に制限している有毒化学品の目録を公布し、化学品の初めての輸入および「目録」にある有毒化学品の輸出入の環境管理登録および審査批准を実施し、「化学品輸〈出〉入環境管理登録証」および「有毒化学品輸〈出〉入環境管理通過通知書」を発行し、初めて輸入する化学品の登録公告を公布する。）

第七条　国家环境保护局设立国家有毒化学品评审委员会，负责对申请进出口环境管理登记的化学品的综合评审工作，对实施本规定所涉及的技术事务向国家环境保护局提供咨询意见。国家有毒化学品评审委员会由环境、卫生、农业、化工、外贸、商检、海关及其它有关方面的管理人员和技术专家组成，每届任期三年。

（国家環境保護局は国家有毒化学品評価審査委員会を設置し、輸出入環境管理登録を申請する化学品の総合評価審査業務に対して責任を負

い、本規定の実施で関わりをもつ技術事務に関して国家環境保護局に対して諮問意見を提供する。国家有毒化学品評価審査委員会は環境、衛生、農業、化学工業、外国貿易、商業検査、税関およびその他の関係する分野の管理人員および技術専門家によって構成し、毎期任期を３年とする。）

第十条　国家环境保护局在审批化学品首次进口环境管理登记申请时，对符合规定的,准予化学品环境管理登记并发给准许进口的《化学品进(出)口环境管理登记证》。

　　对经审查，认为中国不适于进口的化学品不予登记发证，并通知申请人。对经审查，认为需经进一步试验和较长时间观察方能确定其危险性的首次进口化学品，可给予临时登记并发给《临时登记证》。对未取得化学品进口环境管理登记证和临时登记证的化学品，一律不得进口。

（国家環境保護局は化学品初回輸入の環境管理登録申請を審査批准する際に、規定に符号する者には化学品環境管理登録を許可し、併せて輸入を許す「化学品輸〈出〉入環境管理登録証」を発給する。

　審査を経て、中国には輸入するのに合わないと認められる化学品に対しては登録および登録証の発給はせず、併せて申請者へ通知する。審査を経て、その危険性を確定するのに一歩踏み込んでテストし比較的長期間観察する必要があると認められる初回輸入化学品に対しては、臨時の登録を許し、「臨時登録証」を発給することができる。化学品輸入環境管理登録証および臨時登録証を取得していない化学品に

対しては、一律に輸入をしてはならない。)

第十三条　申请出口列入《名录》的化学品，必须向国家环境保护局提出有毒化学品出口环境管理登记申请。

　国家环境保护局受理申请后，应通知进口国主管部门，在收到进口国主管部门同意进口的通知后，发给申请人准许有毒化学品出口的《化学品进（出）口环境管理登记证》。对进口国主管部门不同意进口的化学品，不予登记，不准出口，并通知申请人。

(「目録」にある化学品を輸出する申請は、必ず国家環境保護局に対して有毒化学品輸出の環境管理登録申請を提出しなければならない。

　国家環境保護局は申請受理後、輸入国の主管部門へ通知し、輸入国主管部門の輸入を同意する通知を受け取った後で、有毒化学品の輸出を許可する「化学品輸〈出〉入環境管理登録証」を申請者に発給するようにしなければならない。輸入国主管部門が輸入を同意しない化学品に対しては、登録をさせず、輸出を許さず、併せて申請者へ通知する。)

第九講　科学技術の選択問題と法政策

一、中国国内の科学技術に対する認識

1．1990年代の科学技術の課題

外来文物との関係

　　根据我国的国情有分析地加以借鉴。特别是经济发达国家在市场经济活动中保护环境的科学技术和立法经验，有许多值得加以学习。应当按照"洋为中用"、"旧为今用"的方针为我所用，以扬长避短，少走弯路，加速自身的发展。(韩德培主编：《环境保护法教程》，法律出版社，1998年版，25页)
　（わが国の国情に基づき分析して参考にする。とくに経済先進国の市場経済活動の中の環境を保護する科学技術と立法経験に、多くの学ぶべきものがある。「西洋のものを中国に役立てる」や「昔のものを今に役立てる」という方針に沿って我々のために用い、長所を伸ばして短所を遠ざけ、自分たちの発展を加速する。)

科学技術と環境法学との関係

　　要努力吸收先进科学技术。要运用现代科学技术方法来革新环境保护法学的研究方法。须知,自然科学和社会科学多种学科的相互渗透和吸收，是发展现代科学，进行理论创新的重要和有效的途径。要在坚持社会主义

方向的前提下，积极运用现代科学技术方法（如系统工程、计算机联网）进行环境保护法学的研究，使其日新月异。（韩德培主编：《环境保护法教程》，法律出版社，1998年版，25页）

（努力して先進科学技術を吸収しなければならない。現代の科学技術の方法を用いて環境保護法学の研究方法を革新しなければならない。自然科学と社会科学の多種の学問の相互浸透および吸収が現代科学を発展させ理論の刷新を進める重要かつ有効な経路であることを心得るべきだ。社会主義の方向を堅持する前提のもと、積極的に現代の科学技術の方法（例えばシステム工程、コンピューターネットワーク）を用いて環境保護法学の研究を進め日進月歩としなければならない。）

2．2000年代の科学技術の課題

自然への両面姿勢と科学技術の役割

人类在利用自然、改造自然的过程中，一方面要受到周围自然环境的制约，因而要尊重和服从自然规律；另一方面，人类又通过认识和正确运用自然规律，能动地改造自然界，创造出"人工自然"，改善人类的自然生存条件。也就是说，人们在更新思想观念、树立环保意识的同时，可以通过实践活动积极地改变和重建生态环境。众所周知，科学技术是人类认识自然、改造自然的实践活动所取得的积极成果。尽管科学技术的进步给社会发展带来了一定的负面影响，但是，科学技术始终是推动社会进步的伟大力量。（刘国涛主编：《环境与资源保护法学》，中国法制出版社，2004年版，

91頁）

（人類が自然を利用し自然を改造する過程で、一方では周囲の自然環境の制約を受けることになり、そのために自然の規律を尊重し服従しなければならない。もう一方で、人類はまた自然の規律を認識し正確に運用することを通して、能動的に自然界を改造し、「人工的な自然」を創出し、人類の自然における生存条件を改善する。すなわち、人々は思想観念を更新し環境保護意識を確立すると同時に、実践活動を通して積極的に生態環境を改変し再建することができる。みな周知のように、科学技術は人類が自然を認識し自然を改造する実践活動が獲得した積極的な成果である。科学技術の進歩が社会発展に一定の負の影響をもたらしてきたとしても、しかし科学技術は一貫して社会の進歩を推進する偉大な力である。）

科学技術の進歩が人間と自然の関係を調整する

通过技术进步合理利用自然资源、使生产和产业清洁化。技术和工艺是社会发展与自然生态系统关系中的重要一环，是协调人和自然的关系、社会发展与自然生态系统关系的一种重要的方式。

随着科技进步，人们会进一步合理地调整自己的行为，将建立起完整的物质循环体系和废物资源化体系。（刘国涛主编：《环境与资源保护法学》，中国法制出版社，2004年版，92页）

（技術の進歩によって自然資源を合理的に利用し、生産および産業をクリーン化する。技術と工程は社会発展と自然生態システムとの関係の中

での重要な結び目であり、人と自然との関係を協調させ社会発展と自然生態システムとの関係を協調させる一種の重要な方式である。

科学技術が進歩するに従って、人々はさらに一歩合理的に自己の行為を調整し、十全な物質循環体系および廃棄物資源化体系を確立するだろう。)

科学技術こそ持続可能な発展を実現する

可持续发展理论强调的可持续性是发展的可持续性，要发展就离不开科学技术。而且，随着知识经济时代的来临，科学技术在社会发展中的地位和作用将越来越突出，越来越重要。因此，人类要走可持续发展的道路，就必须发挥科学技术的重要作用，利用高新科学技术扩大人类劳动的对象和内容，逐步解决当代人类所面临的资源和能源危机，利用现代生态技术，预防和治理环境污染，并创造出人类需要的生存环境。总之，科学技术是实现可持续发展不可缺少的重要手段。(刘国涛主编:《环境与资源保护法学》,中国法制出版社, 2004年版, 93页)

(持続可能性発展理論が強調している持続可能性とは発展の持続可能性であり、発展するには科学技術を離れられない。しかも、知識経済時代の到来につれて、科学技術の社会発展の中での地位および作用はますます際立ち、ますます重要になる。そのため、人類は持続可能な発展の道を歩まなければならず、すると必ずや科学技術の重要な役割を発揮しなければならない。ハイテク科学技術を利用して人類の労働の対象と内容を拡大して逐次今日の人類が直面している資源とエネルギー危機を解決

し、現代のバイオテクノロジーを利用して環境汚染を予防および除去し、併せて人類に必要な生存環境を創出する。要するに、科学技術は持続可能な発展を実現する欠くことのできない重要な手段である。）

科学技術の浸透

现代科学技术是社会生产力中最活跃的决定性因素。随着世界新的技术革命的蓬勃发展，科学技术日益渗透到人们物质生活和精神生活的一切领域，成为提高劳动生产率的最重要的源泉，成为促进我国经济与环境协调发展的最重要的因素，成为建设现代物质文明和精神文明的最重要的基础。(刘常海、张明顺等编著：《环境管理》，中国环境科学出版社，1999 年版，42 页)
（現代の科学技術は社会生産力の中で最も活発な決定的要素である。世界の新しい技術革命の盛んな発展につれて、科学技術は日増しに人々の物質生活および精神生活の一切の領域に浸透し、労働生産率を引き上げる最も重要な源泉になっており、わが国の経済と環境の協調的な発展を促進する最も重要な要素となっており、現代の物質文明と精神文明を建設する最も重要な基礎となっている。）

人類には完全に科学技術を掌握する能力がある

环境保护事业的发展要不要依靠科学技术进步呢？认识很不一致。由于科学技术不断发展，近 200 年来已发生过三次产业革命，但是过去每次革命，都给生态环境带来更严重的冲击和破坏，因此，科技进步对环境保护的作用，有多种不同的看法。一些人认为生态环境破坏、世界性的污染

等问题是科技进步引起的,"生态危机"是"技术圈"对"生物圈"的冲击,害怕新的科学技术会毁坏地球,危害人类生存,因此,对科学技术的进步深表忧虑,持反对态度。他们没有看到科学技术是一把双刃的利剑,人类完全有能力掌握它。只要我们通过制定科技政策,正确评估科技成果的正反作用,并有效地抑制其反面作用,防止对生态环境产生的消极影响,那么科学技术就可以达到既发展生产又保护环境的要求。(刘常海、张明顺等编著:《环境管理》,中国环境科学出版社,1999年版,42页)

(環境保護事業の発展は科学技術の進歩に依存しなくていいのか。認識は甚だ一致していない。科学技術の不断の発展のため、この200年来すでに3度産業革命が起こっているが、過去のどの革命も生態環境に重大な衝撃と破壊をもたらしたため科学技術の進歩が環境保護に及ぼす作用については多種の異なった見方がある。ある人たちは生態環境の破壊や世界的な汚染等の問題は科学技術の進歩が引き起こしたものと認識し、「生態危機」は「技術圏」の「生物圏」に対する衝撃であり、新たな科学技術が地球を破壊すること、人類の生存に危害となることを恐れ、そのため科学技術の進歩に対して深く憂慮し、反対する態度をとった。彼らは科学技術が一振りの諸刃のヤイバであることが見えずじまいだが、人類は完全に科学技術を掌握する能力を持っている。ただ我々が科学技術政策を制定し、正確に科学技術の成果のプラスマイナスの作用を評価し、併せて有効にそのマイナスの作用を抑制することを通して、生態環境に対して生じる消極的な影響を防止し、そうして科学技術は生産を発展させ、また環境を保護するという要求を達成することができるの

である。)

二、科学技術の法政策の中での役割（具体的な法規の条文）

环境影响评价法　　環境影響評価法　　　　　　　　2003 年 9 月施行
第四条　环境影响评价必须客观、公开、公正，综合考虑规划或者建设项目实施后对各种环境因素及其所构成的生态系统可能造成的影响，为决策提供科学依据。
　　（環境影響評価は必ず客観的、公開、公正である必要があり、企画あるいは建設プロジェクトの実施後に各種の環境要素およびそれが構成する生態システムに対してもたらす可能性がある影響を総合的に考慮し、政策決定のために科学的根拠を提供する。）

第六条　国家加强环境影响评价的基础数据库和评价指标体系建设，鼓励和支持对环境影响评价的方法、技术规范进行科学研究，建立必要的环境影响评价信息共享制度，提高环境影响评价的科学性。
　　（国は環境影響評価の基礎的なデータベースおよび評価指標システムの建設を強化し、環境影響評価の方法、技術規範に対して科学的研究を進めることを奨励および支持し、必要な環境影響評価情報の共有制度を構築し、環境影響評価の科学性を高める。）

中华人民共和国科学技术普及法　　中華人民共和国科学技術普及法

2002 年 6 月施行

第一条　为了实施科教兴国战略和可持续发展战略，加强科学技术普及工作，提高公民的科学文化素质，推动经济发展和社会进步，根据宪法和有关法律，制定本法。

（科学教育による興国戦略と持続可能な発展戦略を実施し、科学技術の普及業務を強化し、公民の科学文化の素養を高め、経済発展と社会進歩を推し進めるため、憲法および関係する法律に基づき、本法を制定する。）

第二条　本法适用于国家和社会普及科学技术知识、倡导科学方法、传播科学思想、弘扬科学精神的活动。

　　　开展科学技术普及（以下称科普），应当采取公众易于理解、接受、参与的方式。

（本法は国と社会が科学技術の知識を普及し、科学の方法を唱導し、科学の思想を伝播し、科学的精神を発揚する活動に適用する。

　科学技術の普及〈以下科普と略称〉を展開するのには、公衆が理解、受け入れ、参加しやすい方法を採用しなければならない。）

第四条　科普是公益事业，是社会主义物质文明和精神文明建设的重要内容。发展科普事业是国家的长期任务。

（科学技術の普及は公益事業であり、社会主義物質文明および精神文明建設の重要な内容である。科学技術の普及事業は国の長期の任務である。）

第七条　科普工作应当坚持群众性、社会性和经常性，结合实际，因地制宜，采取多种形式。
（科学技術の普及業務は大衆性、社会性および常時性を堅持し、実際と結びつけ、土地柄に適した措置をとり、多種の形式を採用すべきである。）

第八条　科普工作应当坚持科学精神，反对和抵制伪科学。任何单位和个人不得以科普为名从事有损社会公共利益的活动。
（科学技術の普及業務は科学的精神を堅持し、偽科学は反対し制圧しなければならない。いかなる事業所および個人も科学技術の普及に名を借りて社会の公共利益を損じる活動に従事してはならない。）

第九条　国家支持和促进科普工作对外合作与交流。
（国は科学技術の普及業務が外国と共同および交流することを支持し促進する。）

第十一条　国务院科学技术行政部门负责制定全国科普工作规划，实行政策引导，进行督促检查，推动科普工作发展。

（国務院の科学技術行政部門は全国の科学技術普及業務の企画を策定し、政策指導を実行し、監督検査を進め、科学技術普及業務の発展を推し進める責任を負う。）

第十七条　医疗卫生、计划生育、环境保护、国土资源、体育、气象、地震、文物、旅游等国家机关、事业单位，应当结合各自的工作开展科普活动。

（医療衛生、計画出産、環境保護、国土資源、体育、気象、地震、文物、旅行等の国家機関、事業所は、各自の業務と結び付けて科学技術の普及活動を展開しなければならない。）

第二十三条　各级人民政府应当将科普经费列入同级财政预算，逐步提高科普投入水平，保障科普工作顺利开展。

　　各级人民政府有关部门应当安排一定的经费用于科普工作。

（各レベルの人民政府は科学技術の普及経費を同レベルの財政予算に組み入れ、徐々に科学技術の普及への投入水準を高め、科学技術の普及業務の順調な展開を保障しなければならない。

　　各レベルの人民政府の関係する部門は、一定の経費を科学技術の普及業務に用いるように按排しなければならない。）

第二十五条　国家支持科普工作，依法对科普事业实行税收优惠。

　　科普组织开展科普活动、兴办科普事业，可以依法获得资助和捐赠。

(国は科学技術の普及業務を支持し、法に基づき科学技術の普及事業に対して優遇税制を実行する。

　科学技術の普及組織が科学技術の普及活動を展開し、科学技術の普及事業を振興するのは法に基づき財政支援および寄付を獲得できる。)

---政策原理コラム---

必要最低限の文明は拡大していける

　際限なく肥大化する物質文明に対して、地球の限界を踏まえて必需性に基づく消費欲求を中心に、人類社会は「必需文明」と「不要文明」とに識別する必要に迫られていると言われることがある。必需性のある需要の充足は、自然の脅威や苛酷さに対して健康や生命保持という基本的な個の尊厳を確保する。

　そうした必需性のある需要は生態系には適合的だが、やがて必要最低限の需要の充足では個の尊厳確保に合わなくなる。時代の変遷と共に新たな脅威が出現し、苛酷さに関する考え方が変わるからだ。また、脅威や苛酷さを脱するため原子力発電や有害化学物質といった歪んだ文明も発達し、個の尊厳を脅かす。

　生態系に適合すること自体が必ずしも個の尊厳を守るとは限らないので、自然の脅威や苛酷さを克服していく文明の高度化そのものは、それが生態系に抵触しさえしなければ否定されてはならない。他方、原子力発電や有害化学物質など一部の科学技術は生態系に適合しないのが個の尊厳に抵触することから、それらを排除した生態系への適合が個の尊厳を確保することになる。

　つまり、生態系に適合的な文明の高度化を進める必要があり、それが「必需性の変容」に対応することになり、必要最低限の「必需性のある需要」の拡大を可能にする。

　すると、従来の科学技術の代替として出現した生態系に適合する科学技術に対しての需要であれば、それが健康や生命保持を越えた任意の欲求であっても個人の強い欲求なら必需性のある需要と看做せるようになる。その欲求の実現を二次的な個の尊厳の確保と位置づけることができ、そこに環境保全型製品が増加していくのに伴って、その増加する分だけ「必需文明」が拡大していく余地が見込める。

　すなわち、「必需文明」とは単に健康や生命保持の基本的な欲求だけしか満たせないといった文明を意味するのではなく、生態系に適合する科学技術の部分によって実現される発展性のある文明を意味することになる。

第十講　自然保護・自然資源の問題と法政策

一、歴史的にみた中国の自然環境保護の考え方

　4000年前の夏王朝の時期から、自然資源を合理的に開発利用するために資源としての環境を保護しようとする規則があった。経済的な意図と離れて環境保護の法令が出現したのは、紀元前17世紀から14世紀の殷や商王朝の時代であり、世界史上もっとも早い環境法制ではないかと思われる。それは殷の法律で、街道上にゴミを捨てた者はその手を切断するとある。『韓非子・内儲説』(陈奇猷校注：《韩非子集释》(上)，上海人民出版社，1974年版，541頁) がこの法令を紹介しており、ゴミの投棄による汚染が人体と社会にもたらす害悪に言及して刑法を適用し処罰する正当性を強調した。

　しかし、古代から中国では、ほとんどの場合、経済成長との調和の視点から環境保護が目指された。紀元前11世紀の西周王朝の『伐崇令』には、経済生活を成り立たせなくする過度の開発利用を戒めるために樹木を伐採した者は極刑に処する旨の規定がある。また、『周礼・地官』では、領民生活のための自然保護が大司徒（地方の長官）の職責のひとつに数えられている。領民が健全な自然環境で日常生活を営むため、領民居住地区の動植物の生態と居住民への効能を把握し、山林や河川を保全して鳥獣が繁殖するように保護することが重んじられた。(《环境科学

中国大百科全书》，中国大百科全书出版社，1983 年版，502 页）

　春秋時代の斉国の人・管仲は、経済成長と富国強兵の観点から、山林や河川を自然の財貨の産地と見立てて管理し、そこの生物資源の保護を中心とする自然保護思想を展開した。管仲は、山河を良好に保護できなければ国家の指導者になれないとまで主張した。法律手段や管理機構を設置して自然資源の保護にあたり、生物資源は季節を決めて開放して計画的に利用するよう勧めた。(曲格平主編：《环境保护知识读本》，红旗出版社，1999 年版 11 页）

　西漢淮南王・劉安の『淮南子』は、先秦時代すでに高度に発達していた生物資源の合理的な利用・保護を農業生産と強く結び付けた規定について総括している（同上、12 页）。秦朝の時代には農業が高度に発達したことにより、産業の影響という観点から自然資源の保護に関する法律が多くなり、規制も厳しくなった。例えば、主に水田・水稲管理を定めた『田律』の中に、季節に応じて合理的に森林、土地、河川、野生動植物等の自然資源を開発利用し、保護する規定がある(陈泉生著：《环境法原理》，法律出版社，1997 年版，51 页）。農業や牧畜などの生産活動が引き起こす自然資源および自然環境の破壊に対して注意が払われるようになった。

　また、唐代には都市化が進み、人々の活動が活発となって都市環境が悪化したことから都市緑化の考え方が現れ、人口集中による衛生問題が予防観念の喚起を促した。自然資源の管理に関しては特に江南地域を中心に広大な森林伐採の禁止区域と野生動物の禁猟区域を設けるようになった。宋代には過度の開墾のための乱伐が水土流出につながるとの自覚

が生じ、植樹造林の規定が出現する。また、自然資源の保全は皇帝が勅令で禁令を出すことを可能とするなど管理体制を厳格にした。（呂忠梅、高利紅、余耀軍著：《环境资源法学》，中国法制出版社，2001 年版，354 页参照）

　中国では、古代から自然生態系を保護する意識はあったようだが、やはり経済との関係を重視した法令や規定が圧倒的に多い。清朝の時代に至るまで、農業や牧畜など産業関連の環境保護規定が作り続けられる。

自然資源の特徴

（1）自然资源能够被人类控制和支配。自然资源虽然是由自然界的各种物质和能量构成，但并非自然界的所有物质和能量都能构成自然资源，只有在其能够被人类支配并用来改善生产和生活条件时，才是受环境法保护的自然资源。因为，从法律角度而言，对自然资源的保护需要通过调节人类对自然资源的开发、利用、管理等行为而实现，人类依当前技术条件所不能控制利用的资源，不能成为法律的保护对象。（刘国涛主编：《环境与资源保护法学》，中国法制出版社，2004 年版，238 页）

（2）自然资源能满足人们社会生活的需要。也就是说，自然资源必须对人类具有使用价值，如土地资源可以提供食物，石油、煤炭资源可满足交通、运输、照明和其他需要，森林资源能为人类提供木材等，不能满足人类需要的自然资源，虽然可以是物理上或化学上的资源，但决非法律上的自然资源。（同上）

　　((1) 自然資源は人類によって制御および支配され得る。自然資源は自然界のいろんな物質やエネルギーによって構成されているとし

ても、自然界のあらゆる物質やエネルギーがみな自然資源を構成し得るわけでは決してなく、ただそれが人類によって支配され生産や生活条件を改善できる場合にのみ初めて環境法の保護を受ける自然資源である。したがって、環境法の視点から言えば、自然資源の保護に関しては人類の自然資源に対する開発、利用、管理等の行為を調整することによって実現する必要があり、人類が目下の技術的条件で制御利用できない資源は法律の保護対象とすることはできない。
（2）自然資源は人々の社会生活のニーズを満たすことができる。つまり、自然資源は必ず人類にとって使用価値があり、例えば土地資源は食料をもたらし、石油や石炭資源は交通運輸や照明およびその他のニーズを満たし、森林資源は木材等を提供し得る。人類のニーズを満たすことができない自然資源は、物理あるいは化学上の資源だとしても法律上の自然資源では決してない。)

自然保護法と自然資源保護法の関係

　両者の保護対象には重複するところはあるが、自然保護法の保護対象は大気、水域、土壌、森林、海洋など自然の生態環境としての要素であるのに対して、自然資源保護法の保護対象は重複する保護対象であっても人間や社会にとって有用な物質、エネルギーおよび生物を含む財貨としての自然環境で、例えば希少価値のある動植物が生息する自然保護区、森林, 流域、鉱物資源を産する鉱山などである。自然保護法は自然環境

の全体性や調和を重視し、生態系の平衡状態を保持することが目指され、人間が生存する環境としての機能に眼目がある。対して、自然資源保護法は自然環境をいかに開発利用することがその経済的効能を最大限に発揮できるかが主要な眼目であり、自然資源を保持する生態環境の維持を目指すに止まる。自然環境を保護する方法・手段から見ると、自然保護法は保護区という範囲を定めて開発利用や人為的干渉を厳格に規制するのに対して、自然資源保護法は総合的な探索・開発や再生利用など開発利用の方法に関する制限を問題にする。(刘国涛主编:《环境与资源保护法学》,中国法制出版社,2004年版,241页参照)

自然保護法系および自然資源保護法系の法規の具体例

矿业暂行条例（鉱業暫行条例、1951年），水土保持暂行办法（水土保持暫行弁法、1957年），水产资源繁殖保护暂行条例（水産資源繁殖保護暫行条例、1957年），生活饮用水卫生规程（生活飲料水衛生規程、1959年），森林保护条例（森林保護条例、1963年），矿产资源保护试行条例（鉱産資源保護試行条例、1956・65年），野生动物保护法（野生動物保護法、1989年），陆生野生动物保护实施条例（陸生野生動物保護実施条例、1992年），水生野生动物保护实施条例（水生野生動物保護実施条例、1993年），野生药材资源保护管理条例（野生薬材資源保護管理条例、1993年），野生植物保护条例（野生植物保護条例、1996年），煤炭法（石炭法、1996年），环境资源保护法（環境資源保護法、1999年）。

二、野生生物の保護と自然保護区

野生動物の生態環境保護制度

　　野生动物保护法（1989年3月实施）规定"国家保护野生动物生存环境"，禁止任何单位和个人破坏。这方面的规定有：(1)划定自然保护区。国务院野生动物行政主管部门和省级人民政府，应当在国家和地方重点保护野生动物的主要生息繁衍地划定自然保护区，加强对国家和地方重点保护野生动物及其生存环境的保护管理，禁止猎捕和其他妨碍野生动物生息繁衍的活动。(2)加强对野生动物生存环境的监测。各级野生动物行政主管部门应当监视、监测环境对野生动物的影响，由于环境影响对野生动物造成危害时，野生动物行政主管部门应当会同有关部门进行调查。(3)建设项目对国家或者地方重点保护野生动物的生存环境产生不利影响的，建设单位应当提交环境影响报告书。环境资源保护部门在审批时，应当征求同级野生动物行政主管部门的意见。(4)重点保护的野生动物受到自然灾害威胁时，当地政府应当及时采取措施予以保护。(5)县级以上各级人民政府野生动物行政主管部门应当组织社会各方面力量，采取生物技术和工程技术措施，维护和改善野生动物生存环境，保持和发展野生动物资源。
(刘国涛主编：《环境与资源保护法学》，中国法制出版社，2004年版，283页)

　（野生動物保護法〈1989年3月実施〉は「国は野生動物の生存環境を保護する」と規定しており、いかなる事業所および個人の破壊も禁止している。次のように規定している。(1)自然保護区の画定。国務院野生動物行政主管部門と省レベルの人民政府は、国と地方が重点的に保護

している野生動物の主な生息繁殖地において自然保護区を画定し、国と地方が重点的に保護している野生動物およびその生存環境に対する保護管理を強化し、狩猟やその他野生生物の生息繁殖を妨害する活動を禁止しなければならない。(2)野生動物の生存環境に対する監視観測の強化。各レベルの野生動物行政主管部門は環境の野生動物に対する影響を監視観測しなければならず、環境の影響が野生動物に危害をもたらす時には、野生動物行政主管部門は関係する部門と共に調査を進めなければならない。(3)国あるいは地方が重点的に保護している野生動物の生存環境に対して不利な影響を生じる建設プロジェクトは、建設事業所が環境影響報告書を提出しなければならない。環境資源保護部門は審査批准する時に、同じレベルの野生動物行政主管部門の意見を求めなければならない。(4)重点的に保護している野生動物が自然災害の脅威を受けた時には、現地の政府は直ちに保護する措置をとらなければならない。(5)県レベル以上の各級人民政府の野生動物行政主管部門は社会の各方面の力を組織し、生物技術やプロジェクト技術措置をとり、野生動物の生存環境を保護改善し、野生動物資源を維持発展させなければならない。)

自然保護区の概念

一般认为，自然保护区是指对有代表性的自然生态系统、珍惜濒危野生动植物物种的天然集中分布区、有特殊意义的自然遗迹等保护对象所在的陆地、陆地水体或海域，依法划出一定面积予以特殊保护和管理的区域。
（张梓太、吴卫星等编著：《环境与资源法学》，科学出版社，2002年版，289页。）

（一般的な認識では、自然保護区とは代表的な自然生態系、希少で絶滅に瀕した野生動植物種の天然集中分布区、特殊な意義をもつ自然遺跡等の保護対象が所在している陸地、陸地水域あるいは海域に対して、法に基づき一定の面積を区切って特殊な保護および管理を施す区域を指す。）

自然保護区の管理体制

　　国家对自然保护区实行综合管理与分部门管理相结合的管理体制。(1)综合管理。由于保护区类型众多，保护对象复杂，需要有综合管理部门实施协调和综合管理。环境保护行政主管部门负责自然保护区综合管理。环境保护行政主管部门会同有关自然保护区行政主管部门拟定国家自然保护区发展规则，组织拟定全国自然保护区管理技术规范、标准，提出新建国家级自然保护区审批建议，对全国自然保护区管理工作进行监督检查。(2)分部门管理。国务院农业、林业、地质矿产、水利、海洋等有关行政主管部门在各自的职责范围内，主管有关的自然保护区；县级以上地方人民政府负责自然保护区管理部门的设置和职责，由省、自治区、直辖市人民政府根据当地具体情况确定。（刘国涛主编：《环境与资源保护法学》，中国法制出版社，2004年版，295页）

（国は自然保護区に対して総合管理と部門分担管理とを結合した管理体制を実施する。（１）総合管理。保護区の類型が多く保護対象が複雑であることから、総合管理部門が調和のとれた総合的な管理を実施する必要がある。環境保護行政主管部門は自然保護区の総合管理の責任を負う。環境保護行政主管部門は自然保護区に関係する行政主管部門と共に国の

自然保護区発展規則を立案し、全国の自然保護区管理技術規範と基準の立案を組織し、新たに設置する国レベルの自然保護区審査批准の提案を提出し、全国の自然保護区の管理業務に対して監督検査を進める。（２）部門分担管理。国務院の農業、林業、地質鉱産、水利、海洋等の関係する行政主管部門は、各自の職責の範囲内で、関係する自然保護区を主管する。県レベル以上の地方人民政府は自然保護区の管理部門の設置および職責を負責し、それは省、自治区、直轄市の人民政府が現地の具体的な状況に基づき確定する。）

三、裏付けとなる具体的な法規の内容

矿产资源法　　鉱産資源法　　　　　1986 年 3 月施行（1996 年修正）

第四条　国家保障依法设立的矿山企业开采矿产资源的合法权益。国有矿山企业是开采矿产资源的主体。国家保障国有矿业经济的巩固和发展。

（国は法律に基づいて設立した鉱山企業が鉱産資源を採掘する合法的権益を保障する。国有の鉱山企業が鉱産資源を採掘する主体である。国は国有の鉱業経済の強化と発展を保障する。）

第五条　国家实行探矿权、采矿权有偿取得的制度；但是，国家对探矿权、采矿权有偿取得的费用，可以根据不同情况规定予以减缴、免缴。具体办法和实施步骤由国务院规定。

　　开采矿产资源，必须按照国家有关规定缴纳资源税和资源补偿费。

（国は鉱山の探索権や採掘権の有償取得の制度を実施する。ただし、国は鉱山の探索権や採掘権の有償取得の費用に関しては、状況の違いに基づき減免を規定することができる。具体的な方法と実施の段取りは国務院が決める。

　鉱産資源を採掘するには、必ず国の関連規定に従って資源税および資源補償費を納める必要がある。）

第三十四条　国务院规定由指定的单位统一收购的矿产品，任何其他单位或者个人不得收购；开采者不得向非指定单位销售。
　（国務院は指定の事業所が統一して買い付ける鉱産品は、他のいかなる事業所あるいは個人も買い付けてはならず、採掘者は指定されていない事業所に販売してはならないことを規定する。）

野生动物保护法　　野生動物保護法　　　　　　1989年3月施行
第二条　本法规定保护的野生动物，是指珍贵、濒危的陆生、水生野生动物和有益的或者有重要经济、科学研究价值的陆生野生动物。
　（本法が保護すると規定する野生動物は、珍しい、絶滅の危機にある陸生、水生の野生動物および有益あるいは重要な経済的、科学研究上の価値がある陸生の野生動物を指す。）

第三条　野生动物资源属于国家所有。国家保护依法开发利用野生动物资源的单位和个人的合法权益。

（野生動物資源は国の所有に属する。国は法律に従って野生動物資源を開発利用する事業所および個人の合法的権益を保護する。）

第四条　国家対野生動物实行加强资源保护、积极驯养繁殖、合理开发利用的方针，鼓励开展野生动物科学研究。
（国は野生動物に対して資源の保護、積極的な育成繁殖、合理的な開発利用を強化する方針を実行し、野生動物の科学的研究を展開することを奨励する。）

第九条　国家对珍贵、濒危的野生动物实行重点保护。国家重点保护的野生动物分为一级保护野生动物和二级保护野生动物。国家重点保护的野生动物名录及其调整，由国务院野生动物行政主管部门制定，报国务院批准公布。
（国は珍しい、絶滅の危機にある野生動物に対して重点的な保護を実行する。国が重点的に保護する野生動物を一級保護野生動物と二級保護野生動物とに分ける。国が重点的に保護する野生動物の目録およびその調整は、国務院野生動物行政主管部門が制定し、国務院に報告して批准公布する。）

第二十二条　禁止出售、收购国家重点保护野生动物或者其产品。因科学研究、驯养繁殖、展览等特殊情况，需要出售、收购、利用国家一级保护野生动物或者其产品的，必须经国务院野生动物行政主管部门或者其

授权的单位批准；需要出售、收购、利用国家二级保护野生动物或者其产品的，必须经省、自治区、直辖市政府野生动物行政主管部门或者其授权的单位批准。

（国が重点的に保護する野生動物あるいはその製品の売却、買い入れを禁止する。科学研究、育成繁殖、展示等特殊な事情によって国の一級保護野生動物あるいはその製品を売却、買い入れ、利用する必要がある者は、必ず国務院野生動物行政主管部門あるいはその授権事業所の許可を経なければならない。国の二級保護野生動物あるいはその製品を売却、買い入れ、利用する必要がある者は、必ず省、自治区、直轄市政府の野生動物行政主管部門あるいはその授権事業所の許可を経なければならない。）

防沙治沙法　　砂漠防除法　　　　　　　　　　2002 年 1 月施行

第一条　为预防土地沙化，治理沙化土地，维护生态安全，促进经济和社会的可持续发展，制定本法。

（土地の砂漠化を予防し、砂漠化した土地を治し、生態の安全を守り、経済および社会の持続可能な発展を促進するために、本法を制定する。）

第三条　防沙治沙工作应当遵循以下原则：

（砂漠化を予防治療する業務は、以下の原則を遵守すべきである。）

（一）统一规划，因地制宜，分步实施，坚持区域防治与重点防治相结合；

（統一規格、土着適合措置、ステップ実施、地域予防と重点予防の結合を堅持）
（二）预防为主，防治结合，综合治理；
　　（予防を主とし、治療と結合し、総合治療する。）
（三）保护和恢复植被与合理利用自然资源相结合；
　　（植生の保護および回復と自然資源の合理的利用の結合）
（四）遵循生态规律，依靠科技进步；
　　（生態リズムに従い、科学技術の進歩に頼る。）
（五）改善生态环境与帮助农牧民脱贫致富相结合；
　　（生態環境の改善と農牧民の脱貧富裕化への支援を結合）
（六）国家支持与地方自力更生相结合，政府组织与社会各界参与相结合，鼓励单位、个人承包防治；
　　（国の支持と地方の自力更生を結合し、政府が組織するのと社会各界の参加とを結合し、事業所と個人の請負予防治療を奨励する。）
（七）保障防沙治沙者的合法权益。
　　（砂漠化を予防治療する者の合法的権益を保障する。）

第十二条　编制防沙治沙规划，应当根据沙化土地所处的地理位置、土地类型、植被状况、气候和水资源状况、土地沙化程度等自然条件及其所发挥的生态、经济功能，对沙化土地实行分类保护、综合治理和合理利用。
　　（砂漠化を予防治療する企画の編成は、砂漠化した土地の地理的位置、

土地の類型、植生の状況、気候および水資源の状況、砂漠化の程度等の自然条件およびそれが発揮する生態的、経済的機能に基づき、砂漠化した土地に対して分類して保護し、総合的に治療し、合理的に利用すべきである。）

第二十三条　沙化土地所在地区的地方各级人民政府，应当按照防沙治沙规划，组织有关部门、单位和个人，因地制宜地采取人工造林种草、飞机播种造林种草、封沙育林育草和合理调配生态用水等措施，恢复和增加植被，治理已经沙化的土地。

（砂漠化した土地の所在地区の地方各レベルの人民政府は、砂漠化を予防治療する企画に従って関連部門、事業所、個人を組織し、土地に適した方法によって人工植草造林、航空機による播種植草造林、封砂育草育林および合理的な生態用水の配合等の措置を採用し、植生を回復増大させ、すでに砂漠化した土地を治療すべきである。）

第二十五条　采取退耕还林还草、植树种草或者封育措施治沙的土地使用权人和承包经营权人，按照国家有关规定，享受人民政府提供的政策优惠。

（耕作地を林地草原に戻し、植樹植草あるいは封砂育成措置を採用して砂漠化を治療した土地の使用権者および請負経営権者は、国の関連規定に従って人民政府が供する政策特恵を受ける。）

中华人民共和国森林法
中華人民共和国森林法　　　　　　　1984 年 9 月施行（1998 年修正）
第一条　为了保护、培育和合理利用森林资源，加快国土绿化，发挥森林蓄水保土、调节气候、改善环境和提供林产品的作用，适应社会主义建设和人民生活的需要，特制定本法。
　　（森林資源を保護、育成および合理的に利用し、国土の緑化を加速し、森林に蓄水による土壌保持、気候調節、環境改善および木材製品の提供という役割を発揮させ、社会主義建設と人民生活のニーズに適応するため、特に本法を制定する。）

第八条　国家对森林资源实行以下保护性措施：
　　（国は森林資源に対して以下の保護的措置を実行する。）
（一）对森林实行限额采伐，鼓励植树造林、封山育林，扩大森林覆盖面积；
　　（森林に対して上限を決めて伐採を実行し、植樹造林と閉山育林を奨励し、森林被覆面積を拡大する。）
（二）根据国家和地方人民政府有关规定，对集体和个人造林、育林给予经济扶持或者长期贷款；
　　（国と地方人民政府の関連規定に基づき、団体と個人の造林、育林に対して経済補助あるいは長期の貸付を行う。）
（三）提倡木材综合利用和节约使用木材，鼓励开发、利用木材代用品；
　　（木材の総合利用を提唱し節約して木材を使用し、木材代替品の開

発、利用を奨励する。）

（四）征收育林费，专门用于造林育林；
　　　（育林費を徴収し、もっぱら造林育林に用いる。）

第十一条　植树造林、保护森林，是公民应尽的义务。各级人民政府应当组织全民义务植树，开展植树造林活动。
　　　（植樹造林、森林保護は公民が果たすべき義務である。各レベルの人民政府は全国民の義務的植林を組織し、植樹造林活動を展開しなければならない。）

第三十条　国家制定统一的年度木材生产计划。年度木材生产计划不得超过批准的年采伐限额。计划管理的范围由国务院规定。
　　　（国は統一した年度ごとの木材生産計画を制定する。年度ごとの木材生産計画は許可された年間の伐採限度を超過してはならない。計画管理の範囲は国務院が規定する。）

第三十二条　采伐林木必须申请采伐许可证，按许可证的规定进行采伐；农村居民采伐自留地和房前屋后个人所有的零星林木除外。
　　　（木材を伐採するには必ず伐採許可証を申請しなければならず、許可証の規定に従って伐採を進める。農村の住民が自留地および家屋周辺の個人所有の零細な林木を伐採することを除く。）

中华人民共和国水法　　中華人民共和国水法　　2002年10月施行

第一条　为了合理开发、利用、节约和保护水资源，防治水害，实现水资源的可持续利用，适应国民经济和社会发展的需要，制定本法。

（水資源を合理的に開発、利用、節約および保護し、水害を防除し、水資源の持続可能な利用を実現し、国民経済と社会発展のニーズに適応するため、本法を制定する。）

第四条　开发、利用、节约、保护水资源和防治水害，应当全面规划、统筹兼顾、标本兼治、综合利用、讲求效益，发挥水资源的多种功能，协调好生活、生产经营和生态环境用水。

（水資源を開発、利用、節約、保護し、水害を防除することは、全面的企画、統一計画下のディテール配慮、表面と根本の同時解決、総合利用、効果利益を重んじ、水資源の多面的機能を発揮し、生活および生産経営と生態環境が必要とする水とをしっかり調和させなければならない。）

第八条　国家厉行节约用水，大力推行节约用水措施，推广节约用水新技术、新工艺，发展节水型工业、农业和服务业，建立节水型社会。

　　单位和个人有节约用水的义务。

（国は節約して水を使うことを励行し、人々的に節約して水を使う施策を推し進め、節約して水を使う新技術、新工程を押し広め、節水型工業、農業およびサービス業を発展させ、節水型社会を構築する。）

事業所および個人は節約して水を使う義務がある。)

第九条　国家保护水资源，采取有效措施，保护植被，植树种草，涵养水源，防治水土流失和水体污染，改善生态环境。
　　(国は水資源を保護し、有効な措置を採用し、植生を保護し、植樹育草を進め、水源を育て、土壌流失と水域汚染を防除し、生態環境を改善する。)

第二十一条　开发、利用水资源，应当首先满足城乡居民生活用水，并兼顾农业、工业、生态环境用水以及航运等需要。
　　在干旱和半干旱地区开发、利用水资源，应当充分考虑生态环境用水需要。
　　(水資源を開発、利用するには、まず都市農村住民の生活用水を満たし、併せて農業、工業、生態環境が必要とする水および運航等のニーズにも配慮しなければならない。
　　旱魃半旱魃地区で水資源を開発、利用するには、生態環境が必要とする水のニーズを充分に考慮しなければならない。)

第二十四条　在水资源短缺的地区，国家鼓励对雨水和微咸水的收集、开发、利用和对海水的利用、淡化。
　　(水資源が欠乏する地区では、国は雨水や汽水の収集、開発、利用および海水の利用、淡水化を奨励する。)

第十一講　民衆参加の社会的な規制と法政策

　中国のような国家の力が強い国では、民衆参加は実質的には国家よりも地方政府や企業に対してどのように環境保護を迫れるか、また民衆が期待される役割について国家が具体的な法律規定によって、どのようにバックアップしているかが問題になる。
　　環境保護法第六条；"一切单位和个人都有保护环境的义务，并有权对污染和破坏环境的单位和个人进行检举和控告。"
（環境保護法第六条；「一切の事業所および個人はみな環境を保護する義務があり、併せて環境を汚染および破壊した事業所および個人を検挙し告訴する権利がある。」）
　環境影響評価法や水汚染防除法，環境騒音汚染防除法には、環境影響評価報告書の中に当該建設項目所在地の事業所や住民の意見が入っているべきだとする規定がある。ただし、環境影響評価関連の法規の中には民衆が環境影響評価に参加するときの参加形式や参加手続き、前提条件や保障措置、あるいは環境情報の公開など具体的な法規規定が定められておらず、実質的には政策決定に参加しにくく、事前チェックの機能を果たしえない。
　環境保護法にはまた、"对保护和改善环境有显著成绩的单位和个人，由人民政府给予奖励"（環境の保護と改善に顕著な成績を上げた事業所および個人に対して政府は褒賞を与える）という規定もあり、国が環境保護への民衆参加を奨励している現れであろう。同法では国および地方

政府が環境公報の定期的な発行公開も規定しており、民衆参加を促す過渡的措置ともみられる。

他に、大気汚染防除法、水汚染防除法、海洋環境保護法などでも、環境を汚染および破壊した事業所および個人に対して民衆が検挙し告訴する権利を認めているが、実際に民衆がそうした行動をとることが有効かどうか、さらに具体的な法規規定や保障措置が必要だと考えられる。

（環境影響評価法の詳細な解釈については、全国人大環境与資源保護委員会法案室：《中華人民共和国環境影响評价法释义》、中国法制出版社、2003年版参照）

一、中国人識者の環境保護への民衆参加に関する考え方

環境保護法制を成功に導く新たな大衆路線

依靠群众保护环境的原则，是指各级人民政府应当发动和组织广大群众参与环境管理，并对污染、破坏环境的行为依法进行监督。这项原则，是党的群众路线在环境保护领域中的反映，是搞好环境保护工作的重要保证。它要求对环境的国家管理和群众监督相结合，把依法保护环境和人民群众的自觉维护相结合。因为环境质量的好坏，直接影响到工农业生产的发展和城乡人民的身体健康，环境保护涉及到各个地区和各个部门，关系到千家万户。它不仅是各级人民政府及其有关部门的重要任务，而且也是企业、事业单位、社会团体和每个公民应尽的任务，是一项全民的事业。所以，只有依靠群众、发动群众和组织群众，充分发挥各行各业和每个公民的自觉性和积极性，才能搞好环境保护工作。

公众参与环境保护是搞好环境保护工作的群众基础和社会保证。当前，我国公众参与环境保护的程度还不够，需要进一步吸引和动员公众和社会团体积极参与环境保护活动。要逐步建立公众参与机制和程序，使广大公众和社会团体能够通过稳定的渠道表达各自的认识和意见。在制定环境保护政策和法规的过程中，要广泛征求公众意见，保证决策的科学性和民主性，并通过立法来确定公众参与制度，使其得到法律的保障。（韩德培主编：《环境保护法教程》，法律出版社，1998 年版，77—79 页）

（大衆に依拠して環境を保護する原則は、各レベルの政府が広大な大衆が環境管理に参加し、併せて環境を汚染し破壊する行為に対して法律に基づいて監督するのを発動し組織することを指している。この原則は中国共産党の大衆路線の環境保護領域での反映であり、環境保護業務を成功させる重要な保証である。それは環境に対する国家の管理と大衆の監督を結び付けることと、法に基づいて環境を守ることと人民大衆が自覚して保護することとを結び付けることを求めている。環境質の良し悪しは直接に工農業生産の発展と都市農村人民の身体の健康に影響を及ぼし、環境保護は各地区と各部門に及びどの家庭にも関係するからである。それは各レベルの人民政府およびその関係部門の重要な任務であるだけでなく、企業、事業所、社会団体およびどの公民も果たすべき任務であり、ひとつの全人民的な事業である。したがって、ただ大衆に依拠し大衆を発動し大衆を組織し、各分野およびどの公民も自覚性と積極性を充分に発揮することによってのみ、環境保護の事業を成功させることができる。

公衆が環境保護に参加するのは環境保護の事業を成功させる大衆的基礎であり社会的保証である。目下、わが国は公衆が環境保護に参加する程度はまだ足りず、更に一歩公衆および社会団体が積極的に環境保護活動に参加するよう誘引し動員する必要がある。次第に公衆参加の機構と手順を構築し、広大な公衆と社会団体が安定したルートを通じて各自の認識や意見を表現できるようにさせなければならない。環境保護の政策や法規を策定している過程で公衆の意見を広範に求め、政策決定の科学性と民主制を保証し、併せて立法を通じて公衆参加の制度を確定して法律の保障が得られるようにしなければならない。)

環境行政の民衆参加による民主化の可能性

环境问题社会性、综合性的特点也决定了在生态环境的保护和治理上，离不开政府的主导作用，但更离不开公民和全社会力量与之良好的合作。政府决策的民主化和民主监督的法制化都直接依赖于社会公众的参与。只有调动起广大人民群众的力量，才能掌握更多的信息，制定出科学合理的环境标准，建立起对环境行为严密的监控体系，真正贯彻政府制定的环境政策。

环境行政中的公众参与是指在环境保护领域，政府在进行决策和管理的过程中，有义务吸收公众参与，听取公众的意见，并以此作为施政的依据；公民有权通过一定的途径和方式参与一切与环境利益有关的决策活动，最大限度地维护和增进自己的切身利益，实现政府决策的民主化。

我国宪法和环境保护法为公众参与提供了法律依据。对于宪法和环境

保护法规定的公民参与国家管理和环境保护的权利，环境行政法首先就是要将之确认为其基本原则，并通过具体的制度予以贯彻落实。

建立并推广听证制度，对涉及重大公共利益或对居民生活有重大影响的决策应当举行听证，这是公众直接参与的最重要的方式和途径。由于公民个人的能力是有限的，其推动政府决策、施政和改革的力量本身非常薄弱，实践中公众的参与、与政府的合作往往是以民间组织为中介。民间组织在政府与公民之间起到了积极沟通的桥梁作用。（刘国涛主编：《环境与资源保护法学》，中国法制出版社，2004年版，390—391页）

（環境問題の社会性、総合性の特徴も生態環境の保護および治療上、政府の主導的な役割を抜きにできないばかりか、なおいっそう公民および全社会的な力との良好な合作を抜きにはできないことを決定付けている。政府による政策決定の民主化および民主監督の法制化はすべて直接に社会における公衆の参加に依存している。ただ広大な人民大衆の力を喚起することによってのみ、より多くの情報を把握し、科学的合理的な環境基準を策定し、環境行為に対して厳密な監督制御システムを構築し、真に政府策定の環境政策を貫徹することができる。

環境行政の中の公衆参加は、環境保護の領域で政府が政策決定および管理を行っている過程において公衆参加を受け入れ公衆の意見を聴取する義務があり、併せて施政の依拠とすることを指し、公民は一定のルートと方法によって環境利益に関係がある一切の政策決定活動に参加し、最大限に自己の切実な利益を擁護増進し、政府の政策決定の民主化を実現する権利があることを指す。

わが国の憲法および環境保護法は公衆参加のために法律的な根拠を与えている。憲法および環境保護法が規定する公民が国家の管理および環境の保護に参加する権利に関しては、まず環境行政法がその基本原則であることを確認し、併せて具体的な制度を通して実際に当たる必要がある。

　証拠聴取制度を構築し押し広め、重大な公共利益に及ぶかあるいは住民生活に重大な影響がある政策決定に対して証拠聴取を行うべきであり、これは公衆が直接参加するもっとも重要な方式およびルートである。公民個人の能力には限界があるため、彼らが政府の政策決定や施政や改革を推し進める力量は非常に弱く、実践の中で公衆の参加と政府との協力を民間組織が仲介することがよくある。民間組織は政府と公民の間で積極的にルートを作る橋渡しの役割を果たした。）

環境資源保護を進める上での民衆参加の現実的な意義

（１）全社会的な力を動員するのに有利であり、民衆の積極性、主体性および創造性を充分に発揮させることができる。環境資源保護に関する法律の中で民衆参加を基本原則の一つとしているのは環境資源保護が広範にわたるという特徴を考えに入れる必要があるからで、また環境資源の保護活動を広範な民衆の参加、支持、監督のもとに推進することによって民衆各人に環境資源を保護する責任感を持たせることができる。

（２）民衆の参加によって政府の環境資源政策を監督することができ

る。環境資源は共有資源であるため、その社会への配分は行政による配分が主で、市場による配分は補完的なものである。しかし、行政配分には低効率の問題があり、大幅な資源の浪費を招きかねない。そこで、民衆の参加によってそうした可能性を緩和し資源配分効率の向上を図れる。

（3）民衆の参加によって行政の管理者が環境資源に詳しくない場合でも、もっとも有効な保全方法を見付けることができ、環境資源をより良く保全するのに有利である。環境問題は複雑であり、行政官の能力で行き届かない領域に対して民衆の参加によってその豊かな経験と知識を活かせる。

（呂忠梅著：《环境资源法》、中国政法大学出版社、1999年版、101—102頁。刘国涛主編：《环境与资源保护法学》、中国法制出版社、2004年版、170—171頁参照）

二、環境NPOが期待される役割とその政策

中国にはNPOに関する政策は整っていないが、憲法や集会示威法などに市民団体の活動に対する基本的な対応の仕方が規定されており、環境保護民間組織にも適用されることになっている。一般に、市民が活動するときには届け出て、許可を受ける必要がある。活動の地域、時間、対象および方式などが規制されており、それらの規定を守っている限り、活動の遂行が保障される。民間組織や市民の活動に対しては、特に地方政府が地元の利害関係との関連から寛容でない場合が多く、新聞等の報

道機関が中央政府の要人の発言などを引用して、地方政府に市民活動の合法的な権利と利益を承認し保障するように求めているのを時折目にする。

　地方政府の強圧的で違法な干渉に対して、中央政府としては環境問題の広がりが深刻なことから、市民活動の潜在力を掘り起こし育てたいところである。文革時の大衆運動とは違った意味で、今度は法の執行を担保するために、またもや民衆の大きな役割が期待されているのである。
（潘岳：〈环境保护与公众参与〉,《理论前沿》, 2004 年第 13 期参照。邓庭辉：〈论我国环境保护公众参与的法律制度〉,《环境科学动态》, 2004 年第 2 期参照）

環境保護が認めさせる NPO の必要性

　　依法保护环境，实现可持续发展中，"自然之友"等环保群众团体，在宣传环境保护、唤起公众环境意识、提倡环境社会公德方面，起了很好的作用。

（法に基づき環境を保護し、持続可能な発展を実現する中で、「自然の友」などの環境保護大衆団体は、環境保護を宣伝し、公衆の環境意識を喚起し、環境社会公徳を提唱するといったことで好ましい作用を及ぼしている。）

　　从总的发展趋势看，环境保护民间组织在我国社会、经济和环境领域的地位、作用和影响将日益加强。
（全体の発展趨勢からみると、環境保護民間組織はわが国の社会、経済、そして環境領域における地位、作用および影響が日増しに強まってい

る。）

　值得注意的是,《中国 21 世纪议程》已设有 "团体及公众参与可持续发展" 的专章。《国务院关于环境保护若干问题的决定》已明确规定 "建立公众参与机制, 发挥社会团体的作用" 的政策。
（注意するに値することは、「中国 21 世紀議程」にはすでに「団体および公衆の持続可能な発展への参加」という専章が設けられている。「環境保護の若干の問題に関する国務院の決定」はすでに明確に「公衆参加の機構を構築し、社会団体の作用を発揮させる」政策を規定している。）

地方政府に対する民衆参加の保障要求

　《中国 21 世纪议程》中的 "团体及公众参与可持续发展" 这一专章, 已经提出我国有关环境保护民间组织的某些政策。国务院环境保护委员会主任宋键在题为 "依法保护环境, 实现可持续发展" 的讲话中, 第一次明确地阐明了我国对待环境保护社会团体及其活动的政策, 他指出: "环境保护事业需要群众团体和广大公众的关心和参与, 所有的社会成员都有责任和义务参与环境保护"; "建立社会公众的环境保护参与和监督机制, 是强化环保执法的群众基础。各级政府要保护公众参与的积极性, 提供参与的机会。在制订环境保护政策和法规的过程中, 要充分听取公众的意见, 保证决策的科学和民主, 这也是进行环保教育和普法宣传的有效措施"; "要充分发挥各种群众组织在环境保护活动中的作用", "对于关心环境保护事业的各种环保群众团体, 应该积极支持, 加强领导, 引导其健康发展"。接着,《国务院关于环境保护若干问题的决定》明确规定了 "建立公众参

与机制，发挥社会团体的作用，鼓励公众参与环境保护工作，检举和揭发各种违反环境保护法律法规的行为"的政策。

(「中国 21 世紀議程」の中の「団体および公衆の持続可能な発展への参加」という専章は、すでにわが国の環境保護民間組織に関するいくつかの政策を打ち出した。国務院環境保護委員会の宋鍵在主任は「法に基づき環境を保護し、持続可能な発展を実現する」という講話の中で、初めて明確にわが国の環境保護社会団体およびその活動に対する政策について明らかにした。彼は、「環境保護事業は大衆団体と広大な公衆の関心と参加が必要であり、あらゆる社会構成員は環境保護に参加する責任と義務があり」、「社会公衆が環境保護に参加し監督する機構の構築は環境保護の法執行を強化する大衆的基礎である。各レベルの政府は公衆が参加する積極性を保護し、参加する機会を提供しなければならない。環境保護政策および法規を策定する過程で公衆の意見を充分に聴取し、科学的および民主的な政策決定を保証すること、これも環境保護教育と法律普及宣伝を進める有効な施策であり」、「各種大衆組織の環境保護活動での作用を充分に発揮させなければならず」、「環境保護事業に関心がある各種環境保護大衆団体に対して積極的に支持し、指導を強め、その健全な発展を誘導すべきである」と指摘した。つづいて、「環境保護の若干の問題に関する国務院の決定」は「公衆参加の機構を構築し、社会団体の作用を発揮させ、公衆が環境保護業務に参加することを奨励し、各種の環境保護の法律法規に違反する行為を検挙し暴露する」政策を明確に規定した。)

民間組織の政策立案と政策執行への参加

建立和发展环境保护民间组织，目的是为了更好地发动和依靠群众搞好环境保护、促进可持续发展。为此，必须建立健全如下几个方面的机制和程序：第一，环境保护民间组织参加制定有关环境与发展问题的法律、法规、政策、计划、方案和战略的机制和程序。在制定上述法律、政策和计划时，应该吸收环境保护民间组织研究、讨论，向他们通报有关情况，征求他们的意见和建议。第二，环境保护民间组织参加有关法律、法规、政策、计划、方案的执行、监督和检查的机制和程序。应该鼓励和支持环境保护民间组织以该组织的名义或代表该组织成员，就环境与发展事务，向各级政府部门反映问题、提出批评，向司法机关依法提起环境行政诉讼、环境民事诉讼。第三，环境保护民间组织参加环境管理的机制和程序。在环境监理、环境影响评价、环境目标责任制、城市环境综合整治定量考核、环境标志等环境管理活动中，应该规定环境保护民间组织参加的环节和程序。第四，鼓励、支持新闻、出版、科技、文化、艺术、体育等民间环境保护组织从事有益于社会的环境宣传教育活动。

（環境保護民間組織を構築し発展させる目的は、よりよく大衆を発動し頼りにして環境保護を成し遂げ、持続可能な発展を促進するためである。そのためには、必ず下記のいくつかの領域のメカニズムおよび手続きを構築し健全にしなければならない。第一に、環境保護民間組織は環境と発展の問題に関する法律、法規、政策、計画、提案および戦略的なメカニズムと手続きの策定に参加する。上述の法律、政策および計画を制定する際に、環境保護民間組織の研究や討論を吸収し、彼らに関係する状

況を通報し、彼らの意見とアドバイスを求めるべきである。第二に、環境保護民間組織は関係する法律、法規、政策、計画、提案の執行、監督および検査の機構と手続きに参加する。環境保護民間組織が当該組織の名義によってか、あるいは当該組織の構成員を代表して環境と発展に関する業務について各レベルの政府部門へ問題の反映と批判の提出をし、司法機関へ法に基づき環境行政訴訟、環境民事訴訟を提起することを奨励し支持すべきである。第三に、環境保護民間組織は環境管理の機構と手続きに参加する。環境監督管理、環境影響評価、環境目標責任制、都市環境総合整理定量審査、環境標識等の環境管理の活動において、環境保護民間組織が参加する段階と手続きを規定すべきである。第四に、ニュース、出版、科学技術、文化、芸術、体育等の民間環境保護組織が社会に有益な環境宣伝教育活動に従事することを奨励し支持する。)

(以上、蔡守秋：《中国的环境保护民间组织》(『中国の環境保護民間組織』)より抜粋。中国青年報緑網 http://www.cyol.net/gb/cydgn/content_158921.htm　法律教育網 http://chinalawedu.com/news/2004_7/19/0957316031.htm 参照)

三、裏付けとなる具体的な法規の内容

节约能源法　　省エネルギー法　　　　　　　　　　1998年1月施行
第七条　任何单位和个人都应当履行节能义务，有权检举浪费能源的行为。

　　　各级人民政府对在节能或者节能科学技术研究、推广中有显著成绩

的単位和个人给予奖励。

（いかなる事業所および個人もみな省エネの義務を履行しなければならず、エネルギーを浪費する行為を検挙する権利がある。

各レベルの人民政府は省エネあるいは省エネ科学技術の研究、普及において顕著な成績を上げた事業所および個人に対して褒章を与える。）

固体废物污染环境防治法　　固体廃棄物汚染環境防除法

2005年4月施行

第九条　任何单位和个人都有保护环境的义务，并有权对造成固体废物污染环境的单位和个人进行检举和控告。

（あらゆる事業所および個人はすべて環境を保護する義務があり、また固体廃棄物の環境汚染をもたらす事業所および個人に対して検挙および告訴を行なう権利がある。）

野生动物保护法　　野生動物保護法　　　　　　1989年3月施行

第五条　中华人民共和国公民有保护野生动物资源的义务，对侵占或者破坏野生动物资源的行为有权检举和控告。

（中華人民共和国の公民は野生動物資源を保護する義務があり、野生動物資源を占拠あるいは破壊する行為に対して検挙および告訴する権利がある。）

水土保持法　　水土保持法　　　　　　　　　　　　1991年6月施行

第三条　一切单位和个人都有保护水土资源、防治水土流失的义务，并有权对破坏水土资源、造成水土流失的单位和个人进行检举。

（一切の事業所および個人はみな水土壌資源を保護し、土壌流失を防止する義務があり、併せて水土壌資源を破壊し、土壌流失を引き起こした事業所および個人に対して検挙する権利がある。）

防沙治沙法　　砂漠防除法　　　　　　　　　　　　2002年1月施行

第八条　在防沙治沙工作中作出显著成绩的单位和个人，由人民政府给予表彰和奖励；对保护和改善生态质量作出突出贡献的，应当给予重奖。

（砂漠化を予防治療する業務において顕著な成績を上げた事業所および個人は、人民政府が表彰し褒賞を与える。生態系を保護し質的に改善する突出した貢献を成した者に対しては再褒賞を与えるべきである。）

中华人民共和国森林法　　中華人民共和国森林法

　　　　　　　　　　　　　　　　　　1984年9月施行（1998年修正）

第十二条　在植树造林、保护森林、森林管理以及林业科学研究等方面成绩显著的单位或者个人，由各级人民政府给予奖励。

（植樹造林、森林保護、森林管理および林業の科学的研究等の分野で成績が顕著な事業所あるいは個人は、各レベルの人民政府が褒賞を与える。）

中华人民共和国水法　　中華人民共和国水法　　2002年10月施行
第十一条　在开发、利用、节约、保护、管理水资源和防治水害等方面成绩显著的单位和个人，由人民政府给予奖励。
（水資源を開発、利用、節約、保護、管理し、水害等を防除する分野で成績が顕著な事業所および個人は、人民政府が褒賞を与える。）

环境影响评价法　　環境影響評価法　　2003年9月施行
第五条　国家鼓励有关单位、专家和公众以适当方式参与环境影响评价。
（国は関連事業所、専門家および公衆が適切な方法で環境影響評価に参加することを奨励する。）

第十一条　专项规划的编制机关对可能造成不良环境影响并直接涉及公众环境权益的规划，应当在该规划草案报送审批前，举行论证会、听证会，或者采取其他形式，征求有关单位、专家和公众对环境影响报告书草案的意见。但是，国家规定需要保密的情形除外。
　　编制机关应当认真考虑有关单位、专家和公众对环境影响报告书草案的意见，并应当在报送审查的环境影响报告书中附具对意见采纳或者不采纳的说明。
（専門プロジェクトを企画する編成機関は良くない環境への影響をもたらし、直接公衆の環境権益に及ぶ可能性がある企画に対して、当該の企画草案を審査批准に送る前に論証会、公聴会を開き、あるいは別の形式によって、環境影響報告書の草案に対する関連事業所、専門家

および公衆の意見を求めなければならない。ただし、国家が規定する秘密保持を必要とする状況は除く。

編成機関は環境影響報告書の草案に対する関連事業所、専門家および公衆の意見を真剣に考慮し、併せて審査に送る環境影響報告書の中で意見に対して採用あるいは不採用の説明を添えなければならない。)

第二十一条 除国家规定需要保密的情形外，对环境可能造成重大影响、应当编制环境影响报告书的建设项目，建设单位应当在报批建设项目环境影响报告书前，举行论证会、听证会，或者采取其他形式，征求有关单位、专家和公众的意见。

建设单位报批的环境影响报告书应当附具对有关单位、专家和公众的意见采纳或者不采纳的说明。

(国家が規定する秘密保持を必要とする状況は除いて、環境に対して重大な影響をもたらす可能性があり、環境影響報告書を編成すべき建設プロジェクトは、建設事業所が建設プロジェクト環境影響報告書を報告し批准される前に論証会、公聴会を開き、あるいは別の形式によって、関連事業所、専門家および公衆の意見を求めなければならない。

建設事業所が報告し批准される環境影響報告書は関連事業所、専門家および公衆の意見に対して採用あるいは不採用の説明を添えなければならない。)

清洁生产促进法　　清潔生産促進法の関連条項　　2003年1月施行
第六条　国家鼓励开展有关清洁生产的科学研究、技术开发和国际合作，组织宣传、普及清洁生产知识，推广清洁生产技术。
　　国家鼓励社会团体和公众参与清洁生产的宣传、教育、推广、实施及监督。
　（国はクリーンプロダクトに関する科学研究、技術開発および国際協力を展開し、宣伝を組織し、クリーンプロダクトの知識を普及し、クリーンプロダクトの技術を押し広めることを奨励する。
　　国は社会団体と公衆がクリーンプロダクトの宣伝、教育、普及、実施および監督に参加することを奨励する。）

第十条　国务院和省、自治区、直辖市人民政府的经济贸易、环境保护、计划、科学技术、农业等有关行政主管部门，应当组织和支持建立清洁生产信息系统和技术咨询服务体系，向社会提供有关清洁生产方法和技术、可再生利用的废物供求以及清洁生产政策等方面的信息和服务。
　（国務院と省、自治区、直轄市人民政府の経済貿易、環境保護、計画、科学技術、農業等の関係する行政主管部門は、クリーンプロダクトの情報体系および技術諮問サービスシステムの構築を組織および支持し、社会に向かって関係するクリーンプロダクトの方法と技術、再生利用可能な廃棄物の需給およびクリーンプロダクトの政策等の領域の情報とサービスを提供しなければならない。）

第十七条　省、自治区、直辖市人民政府环境保护行政主管部门，应当加强对清洁生产实施的监督；可以按照促进清洁生产的需要，根据企业污染物的排放情况，在当地主要媒体上定期公布污染物超标排放或者污染物排放总量超过规定限额的污染严重企业的名单，为公众监督企业实施清洁生产提供依据。

（省、自治区、直轄市人民政府の環境保護行政主管部門はクリーンプロダクト実施の監督を強めなければならない。クリーンプロダクトを促進する必要性に応じ、また企業の汚染物質の排出状況に基づき、現地の主要な汚染媒体について基準を超えて汚染物質を排出しているか、汚染物質の排出総量が規定限度量を超えている汚染がひどい企業の名簿を定期的に公表することができ、公衆が企業のクリーンプロダクト実施を監督するための根拠を提供する。）

第二十七条　生产、销售被列入强制回收目录的产品和包装物的企业，必须在产品报废和包装物使用后对该产品和包装物进行回收。强制回收的产品和包装物的目录和具体回收办法，由国务院经济贸易行政主管部门制定。

　　国家对列入强制回收目录的产品和包装物，实行有利于回收利用的经济措施；县级以上地方人民政府经济贸易行政主管部门应当定期检查强制回收产品和包装物的实施情况，并及时向社会公布检查结果。具体办法由国务院经济贸易行政主管部门制定。

（強制回収目録に入っている製品と包装物を生産あるいは販売してい

る企業は、製品が廃棄され包装物が使い終わった後には当該製品と包装物を回収しなければならない。強制回収する製品と包装物の目録および具体的な回収方法は国務院経済貿易行政主管部門が制定する。

　国は強制回収目録に入っている製品と包装物に対して回収利用を有利にする経済措置を実施する。県レベル以上の地方人民政府の経済貿易行政主管部門は製品と包装物の強制回収の実施状況を定期的に検査し、併せて適宜検査結果を社会に公表しなければならない。具体的な方法は国務院経済貿易行政主管部門が制定する。)

第三十一条　根据本法第十七条规定，列入污染严重企业名单的企业，应当按照国务院环境保护行政主管部门的规定公布主要污染物的排放情况，接受公众监督。

　(本法第十七条の規定に基づき、汚染がひどい企業の名簿に入っている企業については、国務院環境保護行政主管部門の規定に従って主要な汚染物質の排出状況を公表し、公衆の監督を受けなければならない。)

第三十二条　国家建立清洁生产表彰奖励制度。对在清洁生产工作中做出显著成绩的单位和个人，由人民政府给予表彰和奖励。

　(国はクリーンプロダクトの表彰・褒賞制度を設置する。クリーンプロダクトを推進する中で顕著な成績を出した事業所および個人に対して人民政府が表彰し褒章を与える。)

危险废物经营许可证管理办法　危険廃棄物経営許可証管理弁法

2004年7月施行

第十七条　县级以上人民政府环境保护主管部门应当通过书面核查和实地检查等方式，加强对危险废物经营单位的监督检查，并将监督检查情况和处理结果予以记录，由监督检查人员签字后归档。

　　公众有权查阅县级以上人民政府环境保护主管部门的监督检查记录。

　　县级以上人民政府环境保护主管部门发现危险废物经营单位在经营活动中有不符合原发证条件的情形的，应当责令其限期整改。

（県レベル以上の人民政府の環境保護主管部門は書面審査と実地検査等の方法により危険廃棄物を取り扱う事業所に対して監督検査を強化し、併せて監督検査の状況と処理の結果を記録し、監督検査要員が署名して分類保管しなければならない。

公衆は県レベル以上の人民政府の環境保護主管部門の監督検査記録を査閲する権利がある。

県レベル以上の人民政府の環境保護主管部門は危険廃棄物を取り扱う事業所の営業活動に当初の許可証の発行条件と符合しない状況を発見した場合、期限を切って改善することを命令しなければならない。)

第十九条　县级以上人民政府环境保护主管部门应当建立、健全危险废物经营许可证的档案管理制度，并定期向社会公布审批颁发危险废物经营

許可証的情況。

（県レベル以上の人民政府の環境保護主管部門は危険廃棄物営業許可証の分類保管制度を設置し健全にし、併せて定期的に社会へ向けて危険廃棄物営業許可証の審査発行状況を公表しなければならない。）

第十二講　文明内容の吟味からみた中国の行方

　2005年の中国国内で起きた反日キャンペーンは扇動者が存在したとはいえ、底辺（草の根）に位置する中国民衆が大挙して積極的に中国政府の反日姿勢に迎合する大衆行動に動いたことは確かである。扇動者の意図はどうであれ、底辺の民衆たちは日常に不満があるにせよ、その捌け口とできるほど反日の念では政府の意向と一致していた。中国史上においても、目に余るよほどの悪政には蜂起するが、平時には体制の意向に広範な民衆は、大衆行動にまで行き着かないまでも、つまり消極的なものの、融合しがちな心理構造が見て取れる。そうした心理構造の流布を成り立たせている政治文化とは何であろうか。私はその源流を辿ってみたくなった。

　道家思想と、儒家は朱熹や王陽明まで調べてみて、中国民衆の体制と融合する政治文化の枠組みを定式化するのに功績があったのは儒家の荀子であると、私は考えるようになった。以下それを紹介し、中国文明の行方、とくに今後の発展の形を決めることになる精神文明の行方についてイメージしてみたい。

　荀子は礼を重視した。礼とは差異を伴っても人間社会を秩序化させる制度である。礼の根本は人間に本来備わっているものではなく、人為的なものだと考えられた。また、荀子は、人間の生得的な本質は放置すれば乱に行き着く悪であると考えた。

　そこで、そうした人間の本質を政策的に律しなければならず、その枠

組みとして礼を立てる。ここに、人間を外部から箍をはめて動かす思想が成立する。

　礼は過去の治まった情勢に倣って歴史の中から創り上げられた。悠久の時を経て風雪に耐え練磨されることで儀礼の法として核心が残ってきたものである。それは、時間の中でダイナミックに動く生きた枠組みだと言える。

　礼が奏功するためには外部からそうした枠組みをはめ込む力が必要であり、それが天子の天を戴いた強制力である。天の思想を体現して正統な統治を行う天子によって権勢が立ち、天下は治に向かい礼が実現した状態となる。つまり、礼が蔓延するためには天を戴いた天子の権勢が必要だと荀子は考えた。さもなければ、天下は乱れ切って治まらない。

　また、乱に行き着く悪の前では、礼を実現する強制力による対抗は正当化された。民衆の間でも乱れ切って治まらないよりは、礼が実現し平穏な日々の保障となる天子による権勢の流通を受け入れてきた。

　中国民衆が受け入れた強制力は、西欧近代にみる社会契約説のような必要悪という認識で互いの関係を保つためにだけ効用のある強制力ではない。中国に特有なのは、理想の暗示を装い感化を伴う「天を戴いた」強制力である。

　中国では古来より、万物を育成し主宰するものを天と看做し、天が人のあり方を指し示す倫理の源泉だとされた。天子の権勢に入り込んだ天の思想は、礼を必要悪ではない理想含みの生きた枠組みに仕立てており、民衆の信奉を掌握してきたのである。そして新中国では、中国共産党の

イデオロギーが天の思想を体現しようと長期間ふるまってきたのだと言えよう。

**环境监理人员行为规范　　環境監理人員行為範　**1995年5月施行
　遵守社会公徳，挙止文明，仪表端正，堅持原則，以理服人。
　（社会の公徳を守り、文明的に振る舞い、身なり良く素行を改め、原則を守り、道理を説く。）

中国環境政策の参考文献（本文中未引用分）

王立红著：《循环经济：可持续发展战略的实施途径》，中国环境科学出版社，2005年版。

王泽林著：《中国环境监察》，银声音像出版社，2005年版。

崔兆杰著：《固体废物的循环经济：管理与规划的方法和实践》，科学出版社，2005年版。

刘仁文著：《环境资源保护与环境资源犯罪》，中信出版社，2004年版。

蔡守秋著：《可持续发展与环境资源法制建设》，中国法制出版社，2003年版。

李挚萍著：《经济法的生态化——经济与环境协调发展的法律机制探讨》，法律出版社，2003年版。

彭志源编：《城镇排污费征收使用管理标准规范实用全书》（全三卷），中国环境科学出版社，2003年版。

李艳芳著：《环境保护法典型案例》，中国人民大学出版社，2003年版。

金瑞林编：《环境法学》，北京大学出版社，2002年版。

曹明德著：《生态法原理》，人民出版社，2002年版。

戴伯勋著：《现代产业经济学》，经济管理出版社，2001年版。

沈满洪著：《环境经济手段研究》，中国环境科学出版社，2001年版。

吕忠梅著：《环境法新视野》，中国政法大学出版社，2000年版。

王克敏著：《经济伦理与可持续发展》，社会科学文献出版社，2000年版。

钱 易 著：《环境保护与可持续发展》，高等教育出版社，2000年版。

刘常海、张明顺等编著：《环境管理》，中国环境科学出版社，1999年版。

中国环境年鉴编辑委员会编：《中国环境年鉴》，中国环境科学出版社，1998年版。

张坤民著：《可持续发展论》，中国环境科学出版社，1997年版。

张力军主编：《中国环境保护工作手册》，海洋出版社，1997年版。

国家环境保护局政策法规司编：《中国环境保护法规全书（1982-1997）》，化学工业出版社，1997年版。
王金南著：《排污收费理论学》，中国环境科学出版社，1997年版。
国家环境保护局编：《党和国家领导人谈环境保护》，中国环境科学出版社，1996年版。
朱亦仁著：《环境污染治理技术》，中国环境科学出版社，1996年版。
国家环境保护局编：《中国环境保护21世纪议程》，中国环境科学出版社，1995年版。
李金昌著：《环境与经济》，中国环境科学出版社，1994年版。
戚道孟编著：《国际环境法概论》，中国环境科学出版社，1994年版。
胡宝林、湛中乐著：《环境行政法》，中国人事出版社，1994年版。
曲格平著：《中国的环境与发展》，中国环境科学出版社，1992年版。
李 鹏 著：《论有中国特色的环境保护》，中国环境科学出版社，1992年版。
国家环境保护局编：《中国乡镇工业的环境保护》，中国环境科学出版社，1992年版。
国家环境保护局开发监督司编著：《建设项目环境管理》，北京大学出版社，1990年版。
张坤民、金瑞林编：《环境保护法讲话》，清华大学出版社，1990年版。
曲格平著：《中国的环境管理》，中国环境科学出版社，1989年版。
中国环境科学学会编：《中国环境科学年鉴》，中国环境科学出版社，1989年版。
国家环境保护局编：《中国环境保护事业（1981-1985）》，中国环境科学出版社，1988年版。
曲格平著：《中国环境问题及对策》，中国环境科学出版社，1984年版。
曲格平等编：《环境科学基础知识》，中国环境科学出版社，1984年版。
朱志清编：《环境保护法规政策汇编》，江西省环境保护局，1988年版。
※ 本文中の引用文献および以上の参考文献は、中国書籍を扱っている専門書店で注文により新しいものほど入手が可能です。

注文先は、東京神田すずらん通り（JR御茶ノ水駅）の内山書店（TEL03-3294-0671）、東方書店（03-3294-1001）などが便利です。

あとがき

　本書『新中国環境政策講義』に取り組んだ3月、中国では全国人民代表大会が開催されていた。今回の全人代では、今年の経済成長率の目標が引き下げられた。3年連続の引き下げであり、年率6.5％の成長目標に止まった。新規就業者の雇用を吸収できるのは年率7％だとされていたので、それを割り込んだことになる。

　大会報告で李克強首相は、社会建設には多くの困難があり、人民大衆の不満は解消できていないと述べた。産業界や行政管理の改革など、社会全体の構造改革は一向に進んでいない。非効率な社会では、環境汚染や低福祉・無福祉の問題は解決できず、人々の人権が守られる余地はない。こうした手詰まりに対して、習近平体制はますます強権支配によって対処しようとしているように見える。しかし、中国史を紐解いてみると、強権が昂ずるほど各地に散在していた民衆の不満や抵抗はまとまりを見せることを示している。中国は今後、どこへ向かっていくのだろうか。

　前書『中国環境政策講義』は発刊してから10年、第二編集部編集長の浅見忠仁氏から完売との連絡を受け、本書としてリニューアルすることになった。今回も執筆の機会をくださった井田洋二社長と、編集の労をとってくださった浅見編集長に厚く感謝申し上げたい。
本書が中国環境問題に関心を抱く読者諸賢のお役に立つところがあれば、筆者のこの上ない幸せである。

大和田滝惠
2017年3月　東京にて

【著者略歴】

大和田滝惠(おおわだ　たきよし)
1977年、上智大学文学部社会学科卒業。同大学大学院国際関係論専攻入学。1982年、上智大学大学院国際関係論博士後期課程在学中に国際関係研究所助手就任。83年から2年間、外務省ASEAN地域振興計画・委託調査研究員を務め、シンガポールを数回訪問し同国の社会経済発展に寄与した環境・医療福祉・技術吸収の社会制度・社会政策の調査研究に従事。TECHNOLOGY AND SKILLS IN ASEAN : An Overview(C.Y.Ng et al. Institute of Southeast Asian Studies, Singapore 1986)および『エコ・ディベロップメントーシンガポール・強い政府の環境実験』(中公叢書 単著、中央公論社、1993年)として発表。
1988年、文学博士(社会発展政策学)の学位取得。
中国との関係は、1955年、4歳半で渡中。1980－90年代、中国北京の清華大学経済管理学院、北京大学経済系・経済学院、山東省の山東大学社会主義系その他で教鞭をとる。また、中国国務院発展研究センター、中国社会科学院などでの講演多数。『世界経済』1985年第2期や『経済科学』1986年第1期など中国国内の学術誌にも論文を発表。『岩波講座 現代中国 第三巻 静かな社会変動』(宇野重昭編、岩波書店、1989年)や『内発的発展と外向型発展－現代中国における交錯』(宇野重昭・鶴見和子編、東大出版会、1994年)など中国関連の共著・論文も多数ある。
他に、通産省ＮＥＤＯ平成6年度グリーンヘルメット事業調査報告検討委員会座長、上海中日環境科学技術交流会議学術委員会委員などを歴任。国内の大学や人事院公務員研修所でも非常勤の講師・教官を務めた。
現在、上智大学法学部教授、中国江蘇省経済社会発展研究会高級顧問、産経新聞社フジサンケイビジネスアイ「論風」定期執筆者。文学博士。社会発展政策学専攻。
1951年東京生まれ、65歳。本籍地は大阪市中央区道修町。

新中国環境政策講義──現地の感覚で見た政策原理──

●────2017年3月31日　初版第1刷発行

著　者──大和田　滝惠
発行者──井　田　洋　二
発行所──株式会社　**駿河台出版社**
〒101-0062　東京都千代田区神田駿河台3丁目7番地
電話03(3291)1676番(代)／FAX03(3291)1675番
振替00190-3-56669番
E-mail : edit@e-surugadai.com
URL : http://www.e-surugadai.com

製版　㈱フォレスト

ISBN-978-4-411-04031-2　C0035　¥2500E